EXPOSITION

DU

SYSTÈME MÉTRIQUE,

ET COMPARAISON

DES ANCIENNES MESURES DE LA HAUTE-SAÔNE

AVEC LES MESURES LÉGALES.

PAR M.r E. L., PROFESSEUR DE MATHÉMATIQUES.

VESOUL,

IMPRIMERIE DE L. SUCHAUX.

JUILLET 1839.

INTRODUCTION.

Le système de poids et mesures établi en France par Charlemagne fut d'abord altéré par son mélange avec les mesures romaines et avec celles que les fondateurs de Marseille apportèrent d'Asie. A l'époque de la féodalité et de la division du territoire en provinces, ce système se dénatura complètement. Vainement plusieurs souverains essayèrent de faire adopter généralement les mesures parisiennes : partout les unités se multipliaient prodigieusement, avec des noms, des valeurs et des divisions arbitraires.

Une dernière tentative infructueuse, pour leur rendre quelque uniformité, fut faite en 1776. Une ordonnance royale prescrivit l'usage exclusif de la toise employée par les académiciens Bouguer et La Condamine, pour mesurer un arc du méridien terrestre dans le Pérou.

Enfin, le 8 mai 1790, à la demande de quelques membres de l'Assemblée constituante, une commission, composée de Borda, Lagrange, Laplace, Monge et Condorcet, fut chargée d'opérer la réforme des mesures françaises. Cette commission prit pour base du nouveau système la dix-millionième partie de la distance du pôle boréal à l'équateur. Delambre et Méchain, et plus tard MM. Biot et Arago, déterminèrent la mesure du méridien de Paris. Cette mesure et celle de plusieurs degrés terrestres, en différens pays, avaient été déjà exécutées par plusieurs savans français ou étrangers, mais dans le seul but de connaître la forme et les dimensions de la terre. Depuis la détermination du mètre, plusieurs méridiens ont été mesurés à l'étranger, et tous ont fourni une rigoureuse vérification de la base du système métrique.

Les lois du 18 germinal an III et du 19 frimaire an VIII prescrivirent l'usage de ce système pour toute la France. Mais ces lois eurent à combattre des habitudes journalières, la force des premières études, les artifices de la fraude, et les préjugés qui retardent le succès des innovations les plus utiles. Le système métrique succomba dans la lutte, ou du moins il en sortit mutilé. Par une fâcheuse concession, on altéra d'abord la nomenclature. Puis arriva le décret du 12 février 1812, qui conserva quelques mesures nouvelles en les assujettissant aux inconséquences des divisions anciennes et au vague des anciennes dénominations : système mixte, qui ne pouvait satisfaire ni les esprits partisans de la simplicité des mesures décimales, ni ceux habitués à la vieille routine. Aussi ce décret fut-il présenté comme transitoire ; il devait être abrogé au bout de dix ans. Ce temps avait paru *suffisant pour que chacun pût s'instruire du nouveau système des poids et mesures, qui devait seul être enseigné dans les écoles publiques.* Néanmoins l'abrogation n'a été faite que par la loi du 4 juillet 1837, qui rend le système métrique obligatoire à partir du 1.er janvier 1840 et dont nous placerons le texte à la suite de cette introduction.

Il ne faut pas s'étonner de tous ces délais et de ces lenteurs. En mettant même de côté tous les obstacles qui tiennent au mauvais vouloir, ce n'est pas une chose facile que d'avoir à rompre des habitudes aussi puissantes que celles produites par l'emploi d'un système quelconque de mesures. Il n'est pas une de ces mesures qui ne vienne se mêler à tous les usages de la vie, à nos relations sociales, à nos échanges commerciaux. Le changement d'une mesure donne à mille objets qui nous sont familiers une autre figure, une autre expression, un autre nom. C'est tout une révolution dans nos idées les plus simples et dans nos calculs les plus faciles.

Il a donc fallu de bien grands avantages pour qu'on se décidât à opérer de pareils changemens, et pour qu'une loi vînt les soutenir de son autorité, et, au besoin, de sa pénalité. Heureusement, ces avantages sont tels qu'ils doivent faire considérer la création du système métrique comme un bienfait de la science, son adoption comme un progrès de civilisation, réservé peut-être à un grand nombre de peuples, enfin sa propagation comme une sorte de mission que doivent accepter tous les hommes droits et tous les esprits éclairés. Plus tard, nous indiquerons quelques-uns de ces avantages ; ici, qu'il nous suffise de dire qu'avec ce système la mémoire est soulagée, les calculs se simplifient, et, d'un bout de la France à l'autre, les transactions commerciales deviennent commodes et sûres. En perdant leurs anciennes mesures, les provinces achèvent de se fondre dans la grande unité française consacrée par nos institutions. Rien n'empêche d'espérer qu'un jour la partie la plus éclairée de l'Europe adoptera notre système métrique, déjà introduit chez quelques peuples voisins, et devenu indispensable dans les relations scientifiques, où notre pays fournit une si grande et si glorieuse part.

Cet espoir fut celui des illustres créateurs du système. Pour n'effaroucher aucune susceptibilité nationale chez les étrangers, ils ont emprunté au latin et au grec les noms dont ils avaient besoin, ne voulant pas que le mètre fût en quelque sorte trop français. Ils n'ont fait que suivre en cela l'exemple de tout inventeur dans une branche quelconque des sciences. Le chimiste, le physicien, le mécanicien, etc., ne donnent-ils pas journellement un nom grec ou latin au corps nouveau, à l'instrument qu'ils ont découverts? C'est donc une objection bien faible que celle de l'étrangeté des noms systématiques, dont plusieurs, tels que les mots *déci*, *centi*, *milli*, *déca*, ont les mêmes origines que les noms de nombre *dix*, *cent* et *mille*. D'ailleurs, en songeant à la prodigieuse variété des noms créés dans chaque localité pour exprimer les anciennes mesures, peut-on reprocher au système métrique l'introduction d'une douzaine de mots élémentaires?

On a reproché encore à ce système de traduire quelquefois par un nombre assez grand de décimales des nombres ronds de l'ancien système. A cela il n'y a qu'une réponse : le système métrique a aussi ses nombres ronds, qui, dans l'ancien système, auraient une traduction fort complexe. Ainsi, s'il est plus simple de considérer 4 pieds que 1 mètre 299 millimètres, il est aussi plus facile de se représenter 3 mètres que 1 toise 3 pieds 2 pouces 10 lignes, longueur équivalente.

Si quelques mesures nouvelles, telles que celles qui dépendent du litre, et les monnaies d'or ou d'argent, ont leurs dimensions exprimées par des nombres assez compliqués, c'est tout au plus une difficulté qui concerne les vérificateurs des poids et mesures.

Pour faire oublier l'ancien système, quelques personnes voudraient qu'on cessât de convertir les anciennes unités en nouvelles et qu'on renonçât dans l'enseignement à tous les livres où les anciennes mesures seraient mentionnées. Ces réductions, ajoute-t-on, étaient bonnes dans le principe; mais, après quarante ans, elles deviennent inutiles, et ne peuvent servir qu'à perpétuer ce que la loi a voulu détruire. L'auteur d'une notice sur le système métrique où nous trouvons cette objection ignore que, dans toutes nos communes, le système métrique est à peu près aussi peu connu en 1839 qu'il l'était à sa première apparition. Dans ces derniers temps, la rédaction des actes publics, la vente des marchandises se faisaient, il est vrai, d'après les mesures du système mixte, mais grâce à la traduction constante que les officiers publics et les marchands étaient obligés de faire au sujet des mesures anciennes, qui seules avaient cours dans le langage, dans les calculs, dans les actes privés. Il se trouve encore aujourd'hui tel bail, tel titre de propriété, qui se basent sur ces mesures, et qu'on aura besoin de réduire tôt ou tard en mesures nouvelles. Comment le ferait-on si l'on n'avait à sa disposition les rapports et les tables qui servent à ces sortes de réductions? Il faut même reconnaître que ces tables doivent varier avec les lieux, puisque les anciennes mesures changeaient d'un pays à l'autre, et souvent entre deux villages voisins. Toutefois, hâtons-nous de le dire, l'espèce de complication qui résultera des calculs relatifs à ces tables est tout-à-fait étrangère au système légal; elle deviendrait même inutile si l'on avait le courage de mesurer avec les unités métriques tout ce qui a été mesuré autrement, et de substituer partout, dans son esprit, dans son langage, les nouveaux résultats aux anciens; il est également hors de doute que l'enfant encore étranger aux anciennes mesures doit être dispensé de les apprendre. Ainsi les parens, dans leurs leçons familières, et, plus tard, l'instituteur et le professeur, dans leur enseignement, devront s'abstenir de les rappeler. Mais cette précaution, utile pour la génération qui commence, serait inutile et nuisible à une génération plus avancée, qui a besoin de comparer ses nouvelles connaissances à celles précédemment acquises.

Nous avons cherché à satisfaire à cette double exigence. La première moitié de notre travail, consacrée exclusivement au système métrique, au calcul décimal et aux applications qui dérivent de leur intime liaison, pourrait encore servir dans les écoles, à l'époque où les anciennes mesures seront oubliées. Les tables de réduction s'adressent plus spécialement à ceux qui, par leur position, par la nature de leurs fonctions ou de leurs affaires, auront besoin, soit pour eux-mêmes, soit pour les autres, de traduire les anciennes mesures en nouvelles.

Il nous reste à donner le texte de la loi du 4 juillet 1837.

LOI DU 4 JUILLET 1837.

Article premier. Le décret du 12 février 1812, concernant les poids et mesures, est et demeure abrogé.

2. Néanmoins l'usage des instrumens de pesage et de mesurage confectionnés en exécution des articles 2 et 3 du décret précité sera permis jusqu'au 1.er janvier 1840.

3. A partir du 1.er janvier 1840, tous poids et mesures autres que les poids et mesures établis par les lois du 18 germinal an III et 19 frimaire an VIII, constitutives du système métrique décimal, seront interdits sous les peines portées par l'article 479 du Code pénal (1).

4. Ceux qui auront des poids et mesures autres que les poids et mesures ci-dessus reconnus, dans leurs magasins, boutiques,

---

(1) L'article 479 du Code pénal, dont il est fait mention, rend passibles d'une amende de onze francs à quinze francs inclusivement, les personnes qui emploient des poids et mesures différens de ceux qui sont établis par les lois en vigueur. L'article 480 ajoute que la peine d'emprisonnement pendant cinq jours au plus pourra, selon les circonstances, être prononcée pour ce genre de contravention. En vertu de l'article 481, les poids et mesures différens de ceux établis par la loi seront saisis et confisqués. Enfin, d'après l'article 482, la récidive entraînera toujours l'emprisonnement pendant cinq jours.

ateliers ou maisons de commerce, ou dans les halles, foires ou marchés, seront punis comme ceux qui les emploieront, conformément à l'article 479 du Code pénal.

5. A compter de la même époque, toutes dénominations de poids et mesures autres que celles portées dans le tableau annexé à la présente loi, et établies par la loi du 18 germinal an III, sont interdites dans les actes publics ainsi que dans les affiches et les annonces.

Elles sont également interdites dans les actes sous seing privé, les registres de commerce et autres écritures privées produits en justice.

Les officiers publics contrevenans seront passibles d'une amende de vingt francs, qui sera recouvrée sur contrainte, comme en matière d'enregistrement.

L'amende sera de dix francs pour les autres contrevenans ; elle sera perçue pour chaque acte ou écriture sous signature privée. Quant aux registres de commerce, ils ne donneront lieu qu'à une seule amende pour chaque contestation dans laquelle ils seront produits.

6. Il est défendu aux juges et arbitres de rendre aucun jugement ou décision en faveur des particuliers sur des actes, registres ou écrits dans lesquels les dénominations interdites par l'article précédent auraient été insérées, avant que les amendes encourues aux termes dudit article aient été payées.

7. Les vérificateurs des poids et mesures constateront les contraventions prévues par les lois et réglemens concernant le système métrique des poids et mesures.

Ils pourront procéder à la saisie des instrumens de pesage et de mesurage dont l'usage est interdit par lesdites lois et réglemens. Leurs procès-verbaux feront foi en justice jusqu'à preuve contraire.

Les vérificateurs prêteront serment devant le tribunal d'arrondissement.

8. Une ordonnance royale réglera la manière dont s'effectuera la vérification des poids et mesures (1).

---

(1) Cette ordonnance a paru le 17 avril 1839; elle a été suivie, le 16 juin dernier, d'une autre ordonnance qui concerne la fabrication des instrumens de mesurage.

EXPOSITION

DU

SYSTÈME MÉTRIQUE.

Le nouveau système renferme des mesures ou unités de longueur, de surface, de volume, de poids et de monnaie.

L'unité de longueur s'appelle *mètre*. Cette unité existe dans la nature : car, pour l'obtenir, on a mesuré, à l'aide de procédés physiques et géométriques, le quart d'un méridien terrestre, c'est-à-dire la distance d'un pôle à l'équateur. On a trouvé cette distance égale à 5130740 toises, dont on a pris la dix-millionième partie pour faire la nouvelle unité linéaire. Celle-ci, comme nous le verrons, a donné naissance à toutes les autres. Longueurs.

On est convenu que les mots *déci*, *centi*, *milli*, placés devant le nom de l'une des unités principales, serviraient à désigner le dixième, le centième, le millième de cette unité, et que les mots *déca*, *hecto*, *kilo*, *myria*, suivis du nom de l'unité, représenteraient des multiples égaux à dix fois, cent fois, mille fois, dix mille fois l'unité dont il s'agit. Il en résulte pour les unités linéaires le tableau suivant :

Myriamètre..........	dix mille mètres;
Kilomètre...........	mille mètres;
Hectomètre..........	cent mètres;
Décamètre...........	dix mètres;
MÈTRE...............	unité linéaire;
Décimètre...........	dixième de mètre;
Centimètre..........	centième de mètre;
Millimètre..........	millième de mètre.

L'unité de surface est le *mètre carré*, c'est-à-dire un carré Surfaces.

dont le côté est un mètre. Par la même raison, on appellera *décimètre carré* le carré qui a pour côté un décimètre ; *centimètre carré*, le carré qui a pour côté un centimètre, et ainsi de suite. Cherchons combien le mètre carré vaut de décimètres carrés. Il est clair d'abord que le décimètre carré n'est pas le dixième du mètre carré : car, si nous divisons le mètre carré en dix parties égales par des parallèles à la base, chaque tranche sera le dixième du mètre carré, mais ne sera elle-même ni le décimètre carré, ni même un carré.

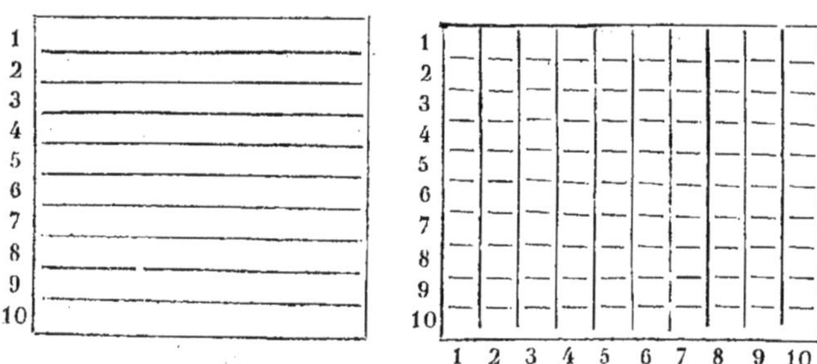

Mais, si maintenant nous divisons le mètre qui sert de base au carré en ses dix décimètres et que nous tracions des parallèles à la hauteur, le mètre carré se trouvera décomposé en dix fois dix ou en cent petits carrés ayant chacun un décimètre pour côté, c'est-à-dire en cent décimètres carrés. Ainsi le décimètre carré est le centième du mètre carré.

On prouverait de même que chaque unité carrée en vaut cent de l'espèce immédiatement inférieure, ce qui nous permet de donner le tableau suivant :

Myriamètre carré.....	100000000 mètres carrés ;
Kilomètre carré.......	1000000 mètres carrés ;
Hectomètre carré.....	10000 mètres carrés ;
Décamètre carré......	100 mètres carrés ;
MÈTRE CARRÉ......	unité de surface ;
Décimètre carré......	100e de mètre carré ;
Centimètre carré......	10000e de mètre carré ;
Millimètre carré......	1000000e de mètre carré.

Quand on évalue de grandes surfaces, on prend pour unité principale le décamètre carré, qu'alors on nomme *are*, et dont les subdivisions et multiples sont conformes à ceux du mètre linéaire. Ainsi l'on a :

Myriare............	dix mille ares;
Kilare..............	mille ares;
Hectare............	cent ares;
Décare.............	dix ares;
Are.................	unité égale à cent mètres carrés;
Déciare............	dixième d'are;
Centiare...........	centième d'are.

Il est facile de convertir ces mesures en mètres carrés. L'are valant 100 mètres carrés, en multipliant la valeur en ares par 100, l'on aura la valeur en mètres carrés. On trouve ainsi que le myriare, valant 10000 ares ou 1000000 mètres carrés, n'est autre que le kilomètre carré. On trouverait pareillement que l'hectare est un hectomètre carré, et que le centiare, centième partie de cent mètres carrés, vaut un mètre carré.

Volumes.

L'unité de volume ou de solidité est le *mètre cube*. On appelle cube un corps de la forme d'un dé à jouer, terminé par six carrés égaux, et dont les côtés sont par conséquent égaux entre eux. Dans le mètre cube, ces côtés ont un mètre de longueur, et les faces sont des mètres carrés. On appelle *décimètre cube* un cube qui a pour côté un décimètre; *centimètre cube*, un cube qui a pour côté un centimètre, et ainsi de suite.

En divisant la hauteur d'un mètre cube en ses dix décimètres et coupant le solide par des tranches parallèles à la base, on obtient dix solides partiels, qui peuvent se partager chacun en cent décimètres cubes, par une décomposition analogue à celle du mètre carré. Il en résulte qu'un mètre cube vaut dix fois cent ou mille décimètres cubes; de même le décimètre cube vaut mille centimètres cubes; et en général chaque unité cubique en vaut mille de l'espèce immédiatement inférieure, comme on le voit dans le tableau ci-dessous :

Hectomètre cube.....	1000000 mètres cubes;
Décamètre cube......	1000 mètres cubes;
MÈTRE CUBE.......	unité de volume;
Décimètre cube......	1000e de mètre cube;
Centimètre cube......	100000e de mètre cube;
Millimètre cube......	1000000000e de mètre cube.

Le mètre cube prend le nom de *stère* quand il sert à mesurer les bois de chauffage. Alors les seules unités employées sont celles-ci :

Décastère...........	dix stères ;
Stère...............	mètre cube ;
Décistère...........	dixième de stère ;
Centistère..........	centième de stère.

Le stère ou mètre cube valant mille décimètres cubes, le décistère en vaut cent, et le centistère en vaut dix.

Lorsqu'on veut mesurer des liquides et des grains, on prend pour unité principale le décimètre cube, qui reçoit alors le nom de *litre*. Les subdivisions et les multiples du litre sont conformes à celles du mètre linéaire, comme on le voit dans ce tableau :

Kilolitre............	mille litres ;
Hectolitre...........	cent litres ;
Décalitre............	dix litres ;
LITRE................	unité de capacité égale au décimètre cube ;
Décilitre............	dixième de litre ;
Centilitre...........	centième de litre.

Il est facile de rapporter ces mesures au mètre cube. Le mètre cube étant égal à 1000 décimètres cubes ou à 1000 litres, en divisant par 1000 la valeur en litres, on aura la valeur en mètres cubes. Ainsi le kilolitre est un mètre cube.

Poids. L'unité de poids, nommée *gramme*, est le poids d'un centimètre cube d'eau distillée, prise à la température où elle a sa plus grande densité. L'eau, comme tous les corps, varie de volume avec la température. En général, plus on chauffe un corps, plus son volume augmente, et moins un mètre cube de ce corps a de poids, en d'autres termes, plus sa *densité* diminue. Il est donc important de prendre ici l'eau à une température déterminée, celle, par exemple, où l'eau a la plus grande densité, ce qui arrive lorsque le thermomètre centigrade marque 4 degrés environ au-dessus de zéro (1). Du reste

(1) Il faut encore que le poids de l'eau ait été déterminé dans le vide,

les multiples et subdivisions du gramme sont analogues à ceux du mètre, ce qui donne :

Myriagramme	dix mille grammes ;
Kilogramme..........	mille grammes ;
Hectogramme........	cent grammes ;
Décagramme.........	dix grammes ;
GRAMME	unité de poids ;
Décigramme	dixième de gramme ;
Centigramme.........	centième de gramme ;
Milligramme.........	millième de gramme.

On admet encore le *millier* métrique, qui vaut mille kilogrammes et représente le poids d'un tonneau de mer ; le *quintal* métrique qui vaut cent kilogrammes.

Dans la pratique, le gramme et les unités qui en dérivent ne sont pas les poids de masses d'eau, mais les poids équivalens de masses de cuivre ou de fer, plus favorables aux pesées.

Monnaies.

L'unité de monnaie se nomme *franc* ; c'est un composé métallique qui pèse cinq grammes et qui renferme neuf dixièmes d'argent alliés à un dixième de cuivre. On trouverait facilement qu'il y a dans le franc 4 grammes 5 décigrammes d'argent et 5 décigrammes de cuivre.

Les multiples décimaux du franc n'existent pas ; on a modifié les noms des subdivisions, qui devraient être le *décifranc*, le *centifranc*, etc.

FRANC	unité de monnaie ;
Décime	dixième de franc ;
Centime.............	centième de franc ;
Millime	millième de franc.

La dernière unité n'est employée que dans les calculs. Ces monnaies étant insuffisantes, on a créé des multiples ou sous-

---

car tout corps perd de son poids quand il est plongé dans l'air ou dans un autre milieu fluide. Dans l'air, cette perte est précisément égale au poids du volume d'air déplacé par le corps, ce qui fournit le moyen de trouver le poids qu'un corps aurait dans le vide quand on a évalué son poids dans l'air.

multiples, dont voici la nomenclature, le poids et le diamètre. Les pièces d'or se composent de neuf dixièmes d'or et d'un dixième d'alliage; celles de billon renferment deux dixièmes d'argent et huit dixièmes d'alliage.

MONNAIES FRANÇAISES.	POIDS en grammes.	DIAMÈTRE en millimètres.
Pièce d'or de 40 francs.	12g,903	26
Id. de 20 »	6 ,452	21
Pièce d'argent de 5 »	25	37
Id. de 2 »	10	27
Id. de 1 »	5	23
Id. de 50 centimes.	2 ,50	18
Id. de 25 »	1 ,25	15
Pièce de billon de 10 »	2	19
Pièce de cuivre de 10 »	20	31
Id. de 5 »	10	27
Id. de 1 »	2	

Remarque générale.

Outre les mesures que nous venons d'indiquer, la loi permet l'emploi du double et de la moitié de chaque unité, quand cet emploi peut favoriser le mesurage. Mais il est important de ne pas considérer ces doubles et ces moitiés comme des unités nouvelles; il faut les réduire en unités génériques ou principales. Ainsi on ne dira pas qu'une longueur à 15 doubles-mètres, mais bien 30 mètres; un corps ne pèse pas 7 demi-grammes, mais 14 grammes. Autrement on perdrait une partie des avantages que présente le système métrique. Nous allons nous borner à en énoncer quelques-uns.

1.° *Toutes les unités principales dérivent du mètre.* En effet, le mètre carré et le mètre cube peuvent se construire avec le mètre; l'are, le stère et le litre dépendent eux-mêmes du mètre carré et du mètre cube; le gramme s'obtient à l'aide du centimètre cube, et le franc, par le moyen du gramme. Dans l'ancien système il n'existait aucune relation entre les diverses unités.

2.° *Le mètre, unité fondamentale, est invariable.* Cette longueur existe dans la nature, et, si les mesures-modèles ou *étalons* du mètre venaient à se perdre ou à s'altérer, on pourrait toujours recommencer les opérations qui ont servi à le déterminer. D'ailleurs la physique fournit un moyen plus simple de retrouver le mètre par les oscillations du pendule métrique, lesquelles sont au nombre de 3589 dans une heure, à la latitude de Paris. Le mètre est donc aussi invariable que la forme du globe et que la force de pesanteur qui régit les mouvemens du pendule. Aucune des anciennes mesures ne se trouvait dans la nature.

3.° *Les subdivisions et les multiples de chaque unité sont uniformes.* Effectivement, les mesures d'une même espèce sont toutes de dix en dix fois plus petites les unes que les autres. Ce rapport, conforme à la numération décimale, est le plus grand avantage du système métrique : car nous verrons qu'il rend le calcul des nouvelles mesures incomparablement plus facile que celui des anciennes. Dans ces dernières, les divisions variaient pour une même espèce, et changeaient encore d'une espèce à l'autre. Ainsi la toise se divisait en *six* pieds et le pied en *douze* pouces, tandis que la livre poids valait *seize* onces, l'once *huit* gros, et le gros *soixante-douze* grains.

4.° *Le nom de chaque mesure en indique l'espèce et la valeur.* Ainsi le mot centimètre, par sa terminaison, rappelle l'unité de longueur et indique d'ailleurs qu'il s'agit de la centième partie du mètre. Pour savoir la nomenclature du nouveau système, il suffit de connaître les six noms génériques : mètre, are, stère, litre, gramme, franc, et la signification de leurs annexes : déca, hecto, kilo, myria; déci, centi, milli. Il est inutile de rappeler tout ce qu'il y avait d'arbitraire et de vague dans les anciennes dénominations.

5.° La détermination du gramme établit une relation entre le poids et le volume d'une masse d'eau. Le franc donne une relation entre le poids et la valeur d'une somme de pièces d'or ou d'argent. Nous traiterons plusieurs questions qui dépendent de ces relations.

Des instrumens de mesurage et de leur emploi.

Parmi les mesures que nous venons de considérer d'une manière abstraite, il en est plusieurs qu'on ne cherche pas à représenter matériellement ; elles sont les résultats d'un mesurage fait avec des instrumens dont l'usage et la construction sont faciles. Ainsi on n'a pas exécuté de longueur égale au kilomètre, ni de surface égale à l'hectare ; on n'emploie même pas pour le gramme un centimètre cube d'eau distillée. Il nous reste donc à décrire les instrumens dont on doit se servir.

Le mètre-étalon, exécuté par les soins d'une commission composée de savans français et étrangers, est fait de platine, c'est-à-dire du métal qui s'altère le plus difficilement. Sa longueur a été prise à la température de la glace fondante, marquée zéro dans le thermomètre centigrade. Il a été placé soigneusement dans un étui et enfermé aux Archives dans une double armoire en fer, où l'on pourrait le consulter au besoin.

Voici les mesures linéaires les plus usitées.

Le *décamètre* ou *chaîne d'arpenteur* est ordinairement formé de tiges en fer réunies par des anneaux et ayant chacune 2 décimètres de longueur. Un mètre renferme 5 de ces tiges, et la chaîne entière en a 50 ; les anneaux sont en fer, à l'exception de ceux qui marquent la longueur d'un mètre, lesquels sont en cuivre. Le milieu d'une tige, jugé approximativement, permet de mesurer une longueur à moins d'un décimètre ; d'ailleurs on a construit des chaînes dont les tiges sont d'un décimètre. On a donné encore au décamètre la forme d'un ruban verni, divisé en centimètres, et qui s'enroule sur un axe dans l'intérieur d'un étui rond. Ces mesures peuvent avoir aussi 5 mètres, 15 mètres ou 20 mètres de longueur. Elles sont employées dans l'arpentage et dans l'évaluation des lignes et des surfaces de grande dimension.

Le *double-mètre* simple ou brisé est une tige en bois d'une seule pièce ou de deux pièces réunies par une virole en cuivre et garnies en fer à chaque extrémité : l'une des parties peut servir de canne.

Le *mètre*, en bois jauni ou noirci, est divisé en décimètres et en centimètres. Le *demi-mètre* est divisé d'une manière analogue ; il est quelquefois composé de deux règles assemblées à charnières. On exécute aussi ces instrumens en baleine.

Le *double-décimètre*, en bois, en cuivre jaune ou en cristal, porte une division en centimètres et en millimètres ; il est plat ou triangulaire.

Le mètre remplace la toise et l'aune pour mesurer toutes les longueurs, telles que les dimensions d'un ouvrage de menuiserie ou de maçonnerie, celles d'une étoffe, d'un bois équarri, etc. Le procédé employé pour mesurer une longueur est connu de tout le monde, mais il exige quelque habitude quand il s'agit d'obtenir de la précision.

Les mesures de superficie sont le résultat du calcul et du mesurage des longueurs. Au lieu de porter sur une surface rectangulaire le mètre carré autant qu'il y sera contenu, opération longue et presque toujours impraticable, on mesure les deux dimensions de cette surface avec le mètre, on multiplie les deux nombres qu'on obtient comme s'ils étaient abstraits, et l'on compte le produit pour des mètres carrés. La géométrie apprend à mesurer d'une manière analogue les autres surfaces. Ce procédé produira, avec un nombre suffisant de mètres carrés, les ares, les hectares, etc.

L'évaluation des volumes par le mètre cube se fera d'une manière semblable, c'est-à-dire en mesurant seulement les dimensions du corps et les soumettant à un calcul. S'il s'agit d'un volume rectangulaire, comme une poutre, une chambre, on multiplie entr'elles les mesures en mètres des trois dimensions, en les considérant commme abstraites, et on compte le produit pour des mètres cubes. Autrement, il serait impossible de chercher combien le volume donné contiendrait un instrument égal au mètre cube.

Quant aux mesures de capacité, au lieu de laisser au litre et aux mesures qui en dépendent la forme cubique qui résulte de leur définition, on a trouvé plus commode de leur donner la forme d'un cylindre (le cylindre est un corps de la forme d'une colonne, d'un tuyau de poêle...). Quand on les destine à mesurer les matières sèches et les grains, on leur donne une profondeur égale à leur diamètre, et on les fait ordinairement en bois. Voici le tableau de ces mesures avec leurs dimensions en millimètres :

Hectolitre	503,0
Demi-hectolitre	399,3
Double-décalitre	294,2
Décalitre	233,5
Demi-décalitre	185,4
Double-litre	136,6
Litre	108,4
Demi-litre	86,0
Double décilitre	63,4
Décilitre	50,3

Pour les liquides, chaque cylindre a une profondeur double de son diamètre. Ces instrumens sont alors ordinairement en étain ou en fer-blanc. Voici leurs dimensions :

	Diamètre.	Profondeur.
Décalitre	185,3	370,7
Demi-décalitre	147,1	294,2
Double-litre	108,4	216,8
Litre	86,0	172,1
Demi-litre	68,3	136,6
Double-décilitre	50,3	100,6
Décilitre	39,9	79,9
Demi-décilitre	31,7	63,4
Double-centilitre	23,3	46,7
Centilitre	18,5	37,1

Pour mesurer le lait on emploie des capacités de la première espèce. Pour certaines matières sèches, telles que le charbon, la houille, la chaux, le plâtre, le ciment, etc., on exécute aussi des mesures en tôle ou en bois ferré, de forme cubique, et munies de pieds qui en facilitent l'usage. Ces mesures doivent être seulement remplies au ras du bord; on ne peut plus exiger du vendeur ce qu'on nommait le *comble*.

On appelle *poids* des masses solides destinées à remplacer dans les pesées les masses d'eau dont les poids ont déterminé le gramme, ses divisions et ses multiples.

Dans la série des poids, chaque mesure a son double et sa moitié. Les plus considérables sont en fonte, munis d'un anneau et complétés au besoin par une masse de plomb qu'on ajoute à la partie inférieure ; ils renferment le *double-myriagramme*, le *myriagramme*, le *demi-myriagramme*, le *double-kilogramme* et le *kilogramme*. Les poids moyens sont ordinairement des cylindres creux, en cuivre jaune, munis d'un bouton et complétés par une masse de plomb située à l'intérieur ; ils renferment le kilogramme, le demi-kilogramme, le *double-hectogramme*, l'*hectogramme*, le *demi-hectogramme*, le *double-décagramme*, le *décagramme*, le *demi-décagramme*, le *double-gramme* et le *gramme*. Les petits poids sont en cuivre ou en platine, et ils ont la forme de lames rectangulaires ; ce sont le *gramme* et sa moitié, le *décigramme*, le *centigramme*, le *milligramme*, ainsi que les doubles et les moitiés de ces poids.

On fait aussi des boîtes qui renferment, exécutés en cuivre et sous une forme rectangulaire, tous les poids depuis le demi-kilogramme jusqu'au milligramme.

L'instrument dont on se sert pour comparer le poids d'un corps à celui des masses solides que nous venons de décrire se nomme *balance*. Pour qu'une balance soit exacte, son fléau doit être horisontal, ou son aiguille verticale, quand les plateaux renferment des poids égaux. Toutefois on peut trouver le poids d'un corps avec une balance inexacte ; il suffit, après avoir mis le corps dans l'un des plateaux, de placer dans l'autre les poids qui peuvent produire l'équilibre, puis de substituer au corps, dans son propre plateau, de nouveaux poids qui puissent équilibrer les premiers. Les poids substitués au corps donneront le véritable poids de celui-ci.

Il existe encore d'autres balances, qu'on appelle *romaines*, dont le poids mobile et les divisions devront être appropriés désormais au système métrique.

Les pièces de monnaie ont été décrites précédemment. Remarquons seulement qu'elles peuvent servir de poids au besoin, et reproduire par leur réunion certaines longueurs métriques. Ainsi la pièce de 1 franc pèse 5 grammes, celle de 5 francs pèse 25 grammes, 40 pièces de 5 francs pèsent 1 kilogramme. On trouve aussi que 2 pièces de 2 francs, plus 2 pièces d'un franc, placées bout à bout, font un décimètre de longueur ; deux pièces d'un franc, moins 2 pièces de 50 centimes, font un centimètre.

NOTIONS SUR LE CALCUL DÉCIMAL.

Nous supposerons, dans tout ce qui va suivre, qu'on sache seulement exécuter sur les nombres entiers les quatre opérations fondamentales de l'arithmétique.

On sait qu'un chiffre écrit *à la gauche* d'un autre exprime des unités dix fois plus grandes que celui-ci; par conséquent, tout chiffre écrit *à la droite* d'un autre exprimera des unités dix fois plus petites que ce dernier.

Ainsi, en mettant un signe quelconque, tel qu'une virgule ou un point, après les unités, le chiffre à droite des unités exprimera des dixièmes, le chiffre à droite des dixièmes exprimera des unités dix fois plus petites que les dixièmes ou des centièmes, et ainsi de suite; de sorte que, par exemple, le nombre 1324,569, outre 1324 unités, renferme 5 dixièmes, 6 centièmes et 9 millièmes. Mais, de même que pour énoncer 1324 unités on ne dit pas 1 mille, 3 centaines, 2 dizaines, 4 unités, mais mille trois cent vingt-quatre unités, nous ne dirons pas, pour les chiffres suivans, 5 dixièmes, 6 centièmes, 9 millièmes, mais 569 millièmes, chaque unité décimale valant 10 unités de l'espèce suivante.

Un nombre ainsi composé se nomme *nombre décimal*. Il renferme en général un nombre entier à gauche de la virgule et une *fraction décimale* à droite de ce signe. Si le nombre entier n'existait pas, on le remplacerait par un zéro.

Il est indispensable de s'exercer à énoncer et à écrire les nombres décimaux. Les deux règles à suivre sont très-simples. *Pour énoncer une fraction décimale, on énonce le nombre placé à droite de la virgule, comme s'il était entier, et on ajoute le nom des unités décimales exprimées par le dernier chiffre.* Ainsi, dans le nombre 9,0304, il y a 9 unités; le nombre à droite de la virgule est 0304 ou trois cent quatre, le dernier chiffre 4 exprime des dix-millièmes; on dira donc : neuf unités trois cent quatre dix-millièmes.

Pour écrire une fraction décimale, on écrit le nombre dicté comme s'il était entier, avec un ou plusieurs zéros à sa gauche, et on place la virgule de manière que le dernier chiffre exprime les unités décimales qui servent à nommer la fraction. Ainsi, pour écrire mille vingt-quatre cent-millièmes, j'écris d'abord ...0001024; les cent-millièmes devant occuper la cinquième place après la virgule, je fais cinq chiffres décimaux, et j'ai, en supprimant les zéros inutiles, 0,01024.

On peut écrire à la droite d'un nombre décimal un nombre quelconque de zéros, chaque chiffre décimal conservant alors sa valeur relative.

Pour multiplier un nombre décimal par 10, il suffit d'avancer la virgule d'un rang vers la droite. En effet, je compare les deux nombres

81,539
815,39

et je reconnais que le chiffre 9, qui exprimait des millièmes dans le premier, exprime des centièmes dans le second, c'est-à-dire des parties dix fois plus grandes; il en est de même des autres chiffres, qui ont une valeur relative dix fois plus grande dans le second nombre que dans le premier : donc le second est dix fois plus grand que le premier. Par la même raison, si on avançait encore la virgule d'un rang vers la droite, le second nombre serait multiplié par 10, et le premier par 100; ainsi de suite.

Il en résulte ce principe inverse : *Pour diviser un nombre décimal par 10, 100, 1000 .., il suffit de reculer la virgule de 1, 2, 3 .. rangs vers la gauche.*

L'addition des nombres décimaux se fait comme celle des nombres entiers, en faisant correspondre les virgules dans les nombres donnés et dans le résultat.

EXEMPLE.

```
162,209
  0,0847
 13,7045
209,15
--------
385,1482
```

La soustraction des nombres décimaux se fait comme celle des nombres entiers, en faisant correspondre les virgules dans les nombres donnés et dans le résultat.

EXEMPLE.

```
 97,20030
 88,75467
---------
  8,44563
```

La multiplication des nombres décimaux s'exécute comme celle des nombres entiers; mais on fait dans le produit autant de chiffres décimaux qu'il y en a tout à la fois dans les deux facteurs. Soit à multiplier 7,634 par 58,27. Je supprime les virgules, et je multiplie 7634 par 5827.

```
    7634
    5827
--------
   53438
  15268
 61072
38170
--------
44483318
```

En supprimant la virgule dans le multiplicande, je l'ai rendu mille fois plus grand; la suppression de la virgule dans le multiplicateur l'a rendu cent fois plus grand. J'ai donc multiplié un nombre mille fois trop grand par un autre cent fois trop grand; le produit 44483318 est donc cent mille fois trop grand; il faut donc le diviser par 100000 ou y faire cinq chiffres décimaux, c'est-à-dire autant que dans les deux facteurs, ce qui donne 444,83318.

La division des nombres décimaux se fait comme celle des nombres entiers, en supprimant les virgules, après avoir eu soin de faire au besoin, avec des zéros, autant de chiffres décimaux dans le dividende que dans le diviseur. Soit à diviser 75,6 par 3,024. Le premier de ces nombres ne change pas de valeur en écrivant deux zéros à sa droite, ce qui donne 75,600. On a donc à diviser 75,600 par 3,024. Je supprime les virgules, et je divise 75600 par 3024.

```
75600 | 3024
15120 |-----
 0000 | 25
```

Le quotient de cette division est 25. Je dis qu'il est égal au quotient des deux nombres proposés ; en effet, en supprimant la virgule dans le dividende, je l'ai rendu, ainsi que le quotient, mille fois plus grand ; en supprimant la virgule dans le diviseur, j'ai rendu ce diviseur mille fois plus grand, et par suite, le quotient mille fois plus petit. Le quotient a donc été à la fois multiplié et divisé par 1000 ; donc il n'a pas changé de valeur. Ainsi 25 est le quotient cherché.

La division des nombres décimaux fournit le moyen de *convertir une fraction ordinaire en fraction décimale équivalente*. Une fraction quelconque, $\frac{3}{4}$, peut être considérée comme le quotient de son numérateur par son dénominateur. En effet, $\frac{1}{4}$ est évidemment le quotient de 1 par 4 ; le quotient de 3 par 4 sera trois fois plus grand que $\frac{1}{4}$, ou $\frac{3}{4}$. Si donc on peut trouver sous une autre forme le quotient de 3 par 4, il sera équivalent à $\frac{3}{4}$.

3	4
3,0	0,75
20	
0	

En divisant 3 par 4, le quotient est zéro. Je réduis 3 en 30 dixièmes, qui, divisés par 4, donnent pour quotient 7 dixièmes et pour reste 2 dixièmes ; je réduis 2 dixièmes en 20 centièmes, qui donnent pour quotient 5 centièmes exactement : donc $\frac{3}{4}$ est égal à 0,75.

Cette opération ne conduit pas toujours au reste zéro ; mais on peut toujours prendre au quotient autant de chiffres qu'on veut, et obtenir pour la fraction proposée une valeur qui s'en approche de plus en plus.

La division des nombres décimaux fournit encore le moyen de *calculer un quotient incomplet jusqu'à un certain ordre de décimales*.

23	7
2	$3+\frac{2}{7}$

23	7
20	3,28
60	
4	

La division de 23 par 7 donnant pour quotient entier 3 et pour reste 2, le quotient exact est de $3+\frac{2}{7}$. En convertissant $\frac{2}{7}$ en fraction décimale, on trouve que le quotient *approché à moins d'un centième* est 3,28, car, pour le compléter, il faudrait lui ajouter $\frac{4}{7}$ de centième, c'est-à-dire moins qu'un centième.

Dans ces quotiens et en général dans les nombres décimaux quelconques, on supprime souvent les derniers chiffres à droite, quand on les croit inutiles pour les calculs; alors on est dans l'usage d'augmenter de 1 le dernier chiffre conservé, si la partie supprimée est plus grande que la moitié de cette unité décimale ajoutée. Si, par exemple, dans le nombre 3,2675, on veut supprimer 75 dix-millièmes, qui sont plus que 50 dix-millièmes ou que la moitié de 1 centième, on prendra pour le nombre donné la valeur 3,27, qui est plus approchée que la valeur 3,26.

APPLICATION DU CALCUL DÉCIMAL
AU SYSTÈME MÉTRIQUE.

Dans le système métrique, chaque unité principale étant divisée en parties de dix en dix fois plus petites, et les multiples étant de dix en dix fois plus grands que cette unité, il en résulte que, 1.° les nombres complexes exprimant des mesures du nouveau système peuvent s'écrire comme des nombres décimaux; 2.° le calcul de ces nombres complexes s'effectue comme celui des nombres décimaux.

Ainsi le nombre complexe qui renfermerait 3 hectomètres 2 décamètres 5 mètres 4 décimètres 7 centimètres, s'écrirait 325^{mètres},47 : car ici le chiffre 7 vaut 7 centièmes de mètres ou 7 centimètres, le chiffre 4 exprime 4 dixièmes de mètres ou 4 décimètres, et ainsi de suite.

On convient seulement d'un signe pour représenter l'unité principale, et on le place à droite du chiffre des unités simples, un peu au-dessus de ce chiffre. Voici les signes adoptés, qui sont les lettres initiales de chaque nom d'unités.

Mètre..............	m.
Mètre carré (ou quarré).	m. q.
Mètre cube..........	m. c.

Are	a.
Stère................	s.
Litre	l.
Gramme	g.
Franc................	f.

EXEMPLES.

$43^{a},25$ désigne 43 ares 25 centiares, ou bien 4 décares 3 ares 2 déciares 5 centiares.

$117^{f},15$ désigne 117 francs 15 centimes.

$24^{m.q},1597$ désigne 24 mètres carrés 1597 dix-millièmes de mètre carré, ou bien 24 mètres carrés 1597 centimètres carrés, ou encore 24 mètres carrés 15 décimètres carrés 97 centimètres carrés. (Il faut se rappeler que les subdivisions du mètre carré ne prennent de nom particulier que par tranches de deux chiffres, le mètre carré valant 100 décimètres carrés, le décimètre carré 100 centimètres carrés, et ainsi de suite.)

$7^{m.c},345117$ désigne 7 mètres cubes 345117 millionièmes de mètre cube, ou 7 mètres cubes 345117 centimètres cubes, ou encore 7 mètres cubes 345 décimètres cubes 117 centimètres cubes. (Ici les noms ne paraissent que de trois en trois chiffres.)

On peut même, pour le besoin du calcul, *déplacer l'unité principale*, et prendre, par exemple, au lieu du litre, le kilolitre, au lieu du gramme, le kilogramme. Ainsi le nombre $354^{g},23$, qui désigne 354 grammes 23 centigrammes, peut devenir successivement $3^{k.g.},5423$, c'est-à-dire 3 kilogrammes 5423 dix-millièmes, ou $354230^{m.g}$, c'est-à-dire 354230 milligrammes. Alors on prend pour signe la lettre qui désigne l'unité principale, et on la fait précéder des mots kilo, déci, milli, etc., ou de leur initiale. Du reste ce déplacement d'unité principale n'est guère usité que pour prendre les unités suivantes :

Myriamètre..........	myriam.
Kilomètre...........	k. m.
millimètre...........	m.m.
Hectare.............	h.a.
Kilolitre	k.l.
Hectolitre...........	h.l.
Décalitre............	décal.
Kilogramme	k.g.
Milligramme.........	m.g.

Nous croyons utile d'insister sur l'écriture des nombres qui dépendent du système métrique, parce qu'elle influe beaucoup sur la simplicité des calculs. Il faut se garder de mettre plusieurs signes dans un même nombre décimal, ce qui ferait retomber dans l'inconvénient des nombres complexes de l'ancien système. Ainsi on n'écrit pas :

$13^{f},14^{c}$, mais seulement $13^{f},14$;
$4^{h.l},54^{l},25$, mais $4^{h.l},5425$ ou bien $454^{l},25$;
$7^{h.a},29^{a},15^{m.q}$, mais $7^{h.a},2915$ ou bien $729^{a},15$.

Les premières notations sont toujours inutiles et souvent nuisibles.

Nous allons voir que les questions relatives au système métrique exigent seulement la connaissance du calcul décimal, sans l'intervention des fractions ordinaires et de la méthode des *parties aliquotes*, qui compliquaient les calculs relatifs aux anciennes mesures.

Addition et Soustraction.

1. Un propriétaire a une maison qui occupe sur le terrain une surface de 953 mètres carrés, un jardin qui contient 47 ares 44 centiares, un étang de 1 hectare 5335 mètres carrés, un pré de 929 ares 90 mètres carrés ; il a en outre 35 hectares 24 ares de terres labourables et 20 hectares 19 ares de vignes : quelle est, en hectares, ares et centiares, la surface totale de toutes ces propriétés ?

Je réduis les nombres donnés en ares et parties décimales. Le centiare étant égal au mètre carré, 953 mètres carrés sont 953 centiares ou 9 ares 53 centiares, qui s'écrivent $9^{a},53$. L'étendue du jardin est de $47^{a},44$; celle de l'étang est $153^{a},35$; celle du pré, $929^{a},90$; celle des terres labourables, 3524^{a} ; enfin celle des vignes, 2019^{a}. J'ajoute ces nombres ainsi réduits à la même unité principale, et je trouve $6683^{a},22$, ce qui peut s'énoncer : 66 hectares 83 ares 22 centiares. Voici l'opération :

9a,53
47 ,44
153 ,35
929 ,90
3524 ,00
2019 ,00
———
6683a,22

2. Une balance est en équilibre quand elle renferme un certain corps dans l'un de ses plateaux, et dans l'autre les poids suivans : 3 poids d'un kilogramme, 1 poids de 5 hectogrammes, 9 grammes, 1 poids de 5 décigrammes, 1 décigramme et 2 centigrammes : quel est le poids de ce corps en grammes ?

3 kilogrammes font......	3000g
5 hectogrammes.........	500
9 grammes.............	9
5 décigrammes..........	0 ,5
1 décigramme...........	0 ,1
2 centigrammes.........	0 ,02
Poids total......	3509g,62

3. La toise de France valait 1 mètre 949037 millionièmes ; celle d'Angleterre vaut 1 mètre 828767 millionièmes : quelle est leur différence ?

En retranchant le second nombre du premier, on trouve 12027 cent-millièmes de mètre ou 0m,12027.

1m,949037
1 ,828767
———
0m,120270

4. Un tonneau contenait 674 litres 32 centilitres de vin ; on en a bu 299 litres 76 centilitres : combien en reste-t-il ?

Je retranche le second nombre du premier, et je trouve 274l,56.

674l,32
299 ,76
———
374l,56

5. Une personne a fait plusieurs emprunts : l'un de 1370

francs 25 centimes, l'autre de 749 francs 50 centimes, un troisième de 1632 francs; elle a payé déjà 2890 francs : que doit-elle encore?

En ajoutant 1570^f,25 avec 749^f,50 et 1632^f, on trouve que la personne devait en tout 3951^f,75; on en retranche 2890^f qu'elle a payés, et on trouve 1061^f,75, qui restent à payer.

6. Un ouvrier a reçu 35 francs 45 centimes; un second ouvrier a reçu 10 francs 15 centimes de moins que le premier; un troisième a reçu, à lui seul, autant que les deux autres ensemble : combien leur a-t-on donné en tout?

Le second ouvrier a reçu 35^f,45 moins 10^f,15, ce qui fait 25^f,30; le troisième a reçu 35^f,45, plus 25^f,30, ce qui fait 60^f,75 : on a donc donné 35^f,45, plus 25^f,30, plus 60^f,75, ce qui fait en tout 121^f,50.

Remarques sur l'addition et la soustraction. Quand l'une de ces opérations doit s'exécuter sur des nombres concrets, elle exige que ces nombres soient de même espèce, et le résultat est lui-même de l'espèce dont il s'agit; on sait d'ailleurs que ces deux opérations se vérifient ordinairement l'une par l'autre.

Les problèmes que l'addition sert à résoudre peuvent tous rentrer dans cet énoncé général : composer un tout, connaissant ses parties.

Parmi les usages de la soustraction nous citerons les suivans :

1.° Connaissant un tout et l'une de ses parties, trouver l'autre;

2.° Déterminer l'augmentation ou la diminution d'une quantité, sachant ce qu'elle était d'abord et ce qu'elle est devenue;

3.° Déterminer l'augmentation ou la diminution d'une quantité inconnue, quand on sait ce qui lui a été successivement ajouté ou retranché.

Multiplication.

7. Un décalitre de blé fournit environ 6 kilogrammes 68 décagrammes de pain : combien 373 décalitres 9 litres en fourniront-ils?

En multipliant 6$^{k.g}$,68, quantité de pain que fournit 1 décalitre de blé, par 373,9, nombre abstrait qui indique combien l'on a de décalitres, on trouve $2497^{kg},652$, qui est le nombre cherché.

$$
\begin{array}{r}
6^{kg},68 \\
373,\ 9 \\
\hline
6012 \\
2004 \\
4676 \\
2004 \\
\hline
2497^{kg},652
\end{array}
$$

8. Combien coûtent 18 litres 2 décilitres d'huile à 95 centimes le litre?

On multiplie $0^{f},95$, prix du litre, par 18,2, nombre abstrait qui indique combien on a de litres, et l'on trouve pour résultat $17^{f},29$0.

9. Il faut 3 litres 4 décilitres de semence pour un are de terrain : combien en faudra-t-il pour 259 ares 73 centiares?

Il faut multiplier $3^{l},4$, semence nécessaire pour un are, par 259,73, qui indique le nombre d'ares, et l'on trouve $883^{l},082$.

10. Le son parcourt 337 mètres par seconde; en supposant que, dans un orage, le bruit du tonnerre s'entende 17 secondes après l'éclair, à quelle distance sera-t-on du lieu de l'explosion électrique?

La lumière parcourt l'espace avec une vitesse si grande qu'on peut supposer, sans erreur sensible, que l'éclair arrive à l'observateur au moment même où il se produit. Il n'en est pas de même du son, qui met ici 17 secondes à arriver du nuage à l'observateur. Pour résoudre la question, il faut donc multiplier 337^{m}, distance que le son parcourt dans une seconde, par 17, nombre de secondes employé par le son pour parcourir la distance du nuage à l'observateur. On trouve cette distance égale à 5729^{m}.

11. Un franc pèse 5 grammes : combien pèsent la pièce de 5 francs, celle de 2 francs, celle de 50 centimes et celle de 25 centimes?

La pièce de 5^{f} pèse 5 fois 5^{g} ou 25^{g} ; celle de 2^{f} pèse 2 fois 5^{g} ou 10^{g}, celle de $0^{f},50$ pèse 5^{g} multipliés par 0,50, c'est-à-dire $2^{g},5$, enfin celle de $0^{f},25$ pèse 5^{g} multipliés par 0,25 ou $1^{g},25$.

12. A volume égal, le mercure pèse 13 fois 598 millièmes de fois plus que l'eau : combien pèsent 1 litre 89 centilitres de mercure ?

1 centimètre cube d'eau pèse 1^g, 1 décimètre cube ou 1 litre d'eau pèse donc 1000^g ou $1^{k.g}$; par suite, $1^l,89$ d'eau pèsent $1^{k.l},89$. Mais le mercure pèse 13,598 fois plus que l'eau, à volume égal : donc $1^l,89$ de mercure pèsent $1^{k.g},89$ multipliés par 13,598, ce qui fait $25^{k.g},70022$.

13. Un plancher rectangulaire a 6 mètres 28 centimètres de long, sur 4 mètres 45 centimètres de large : combien coûtera-t-il, à raison de 3 francs 15 centimes le mètre carré ?

On démontre en géométrie que, pour évaluer un rectangle en mètres carrés, il suffit de multiplier l'un par l'autre les nombres qui servent à mesurer en mètres la longueur et la largeur de cette surface. Ainsi on multipliera 6,28 par 4,45, et le produit 27,9460, exprimant des mètres carrés, donnera pour mesure du plancher $27^{m.q},946$; en multipliant encore 3,15, prix du mètre carré, par 27,946, on a le prix total, qui est $88^f,0299$ ou $88^f,03$.

14. Une pile de bois de chauffage de forme rectangulaire présente 5 mètres 8 décimètres de hauteur, sur 9 mètres 7 décimètres de largeur, et les bûches ont d'ailleurs $1^m,2$ de longueur : combien y a-t-il de stères ?

Pour évaluer le volume de cette pile de bois, la géométrie indique qu'il faut multiplier entr'eux les nombres qui donnent en mètres les mesures des trois dimensions, et compter le produit pour des mètres cubes; or, en multipliant 5,8 par 9,7, on trouve 56,26 ; ce nombre, multiplié par 1,2, donne 67,512 : ainsi le volume total est $67^{m.c},512$ ou bien $67^s,512$.

15. Quel est l'intérêt de 24050 francs pendant un an, à 4 pour 100 ?

Puisque 100^f rapportent 4^f, 1^f rapportera 100 fois moins, ou bien $0^f,04$; alors 24050^f rapporteront 24050 fois $0^f,04$: ce produit est 962^f.

16. Combien entre-t-il de grammes d'argent et de cuivre dans une somme de $345^f,50$ en monnaie d'argent ?

1^f pèse 5^g et renferme 9 dixièmes de son poids d'argent et 1 dixième de cuivre ; or le dixième de 5^g est $0^g,5$: donc la quantité d'argent qui entre dans 1^f est 9 fois $0^g,5$ ou $4^g,5$, et la quantité de cuivre est $0^g,5$. Par conséquent, dans $345^f,50$, il y aura en argent $4^g,5$ multipliés par 345,5, ce qui fait $1554^g,75$, et en cuivre $0^g,5$ multipliés par 345,5, ce qui donne 172,75.

Pour vérification, on peut calculer le poids de toute la somme, lequel est 345,5 fois 5^g. On trouve $1727^g,5$, qui est égal à $1554^g,75$, poids de l'argent, plus 172,75, poids du cuivre.

Remarques sur la multiplication. Le produit est en général de l'espèce du multiplicande, et le multiplicateur est considéré comme abstrait ; mais, dans les évaluations de surfaces ou de volumes, les facteurs sont abstraits, et le produit exprime des unités carrées ou cubiques, ayant pour côté l'unité linéaire employée à la mesure des dimensions.

On sait que la multiplication peut se vérifier par la division. Quand le multiplicande a moins de chiffres que le multiplicateur, pour abréger l'opération, on les considère comme abstraits tous les deux et on renverse l'ordre des facteurs, en ayant soin de faire exprimer au produit l'espèce d'unités indiquée par la question.

Les usages de la multiplication sont très-nombreux. Nous allons citer les principales questions qu'on peut résoudre par son moyen.

1.° Connaissant la valeur d'une certaine unité, déterminer la valeur d'un nombre quelconque de ces unités.

2.° Connaissant les dimensions d'une surface mesurée en géométrie, évaluer cette surface en unités carrées.

3.° Connaissant les dimensions d'un volume mesuré en géométrie, évaluer ce volume en unités cubiques.

Division.

17. On a acheté 13 stères 4 décistères pour 190 francs 95 centimes : combien coûte le stère ?

Si l'on avait le prix du stère, en le multipliant par le nombre abstrait 13,4, on reproduirait $190^f,95$: donc, en divisant ce dernier nombre par 13,4, on trouvera le prix du stère, qui est $14^f,25$. Voici l'opération :

```
190,95 | 13,4          19095 | 1340
       |-----           5695 |------
                         3350 | 14,25
                          6700 |
                           000 |
```

18. La distance du pôle à l'équateur étant de 90 degrés, trouver en mètres la valeur d'un degré terrestre.

90 degrés valent 10000000^{m} : donc 1 degré vaut la $90.^{e}$ partie de 10000000^{m}, laquelle est $111111^{m},11$ à moins d'un centimètre près.

19. Quelle somme d'argent faudrait-il prendre pour faire un poids de 1353 grammes 75 centigrammes?

Autant de fois 5^{g} seront contenus dans $1353^{g},75$, autant il y aura de francs dans la somme cherchée. On doit diviser $1353^{g},75$ par 5 grammes, ou simplement 1353,75 par 5; on trouve 270,75, qui représentent 270 francs en argent, plus une pièce de 50 centimes, plus une autre de 25 centimes.

20. Un champ de 12 ares 34 centiares a coûté 5500 francs; un autre, de même qualité, renferme 10 ares 27 centiares et a coûté 4935 francs : lequel est au meilleur marché?

Le prix de l'are du premier champ s'obtient en divisant 5500^{f} par 12,34, ce qui donne, à moins d'un centime, $445^{f},70$; le prix de l'are du second champ s'obtient en divisant 4935^{f} par 10,27, ce qui fait, à moins d'un centime, $480^{f},52$: on voit donc que le premier champ s'est vendu à meilleur marché que le second.

21. Le diamètre d'une pièce de cinq francs est 373 dix-millimètres : combien faudrait-il mettre de ces pièces l'une au bout de l'autre, sur une même droite, pour faire une longueur de 1 mètre 3055 dix-millimètres?

Autant le diamètre d'une pièce sera contenu dans la longueur donnée, autant il y aura de pièces. En divisant $1^{m},3055$ par $0^{m},0373$, on trouve 35, nombre de pièces.

22. Le vent le plus violent parcourt dans une heure 16 myriamètres 2 kilomètres : combien lui faudrait-il de temps pour faire le tour de la terre, en conservant la même vitesse?

Le tour du globe, en passant par les pôles, est de 4 fois 10000000^{m} ou de 40000000^{m} ; autant de fois ce nombre renfermera 162000^{m}, autant il y aura d'heures employées : on divise donc 40000000 par 162000, ou simplement 40000 par 162, et l'on trouve 246 heures, à moins d'une heure près. En divisant ce nombre par 24, nombre d'heures que renferme le jour, le résultat devient 10 jours 6 heures.

23. D'après le recensement publié en 1832, le département de la Haute-Saône a pour population 338910 habitans, et pour superficie 5002 kilomètres carrés 20 hectomètres carrés; celui du Doubs a pour population 265535 habitans, et pour superficie 5309 kilomètres carrés 93 hectomètres carrés; celui des Vosges a pour population 397987, et pour superficie 5879 kilomètres carrés 55 hectomètres carrés : quel est celui de ces trois départemens qui est le plus peuplé, à superficie égale?

Pour avoir la population moyenne correspondante à un kilomètre carré de chaque département, il suffit de diviser la population totale par le nombre de kilomètres carrés. Ainsi, pour la Haute-Saône, on divise 338910 par 5002,20, ce qui donne 67,7 à moins d'un dixième; pour le Doubs, on divise 265535 par 5309,93, et l'on trouve 50; enfin, pour les Vosges, le quotient de 397987 par 5879,55 est 67,6 à moins d'un dixième. Comparativement à leur étendue, la Haute-Saône est donc plus peuplée que les Vosges, et ce dernier département est plus peuplé que le Doubs.

Remarques sur la division. Le diviseur et le quotient, multipliés l'un par l'autre, doivent reproduire le dividende; il faut donc que l'un de ces deux facteurs soit abstrait et que l'autre soit de même espèce que le dividende. Il en résulte que, si le diviseur est de même espèce que le dividende, le quotient, considéré comme abstrait dans l'opération, peut exprimer, quand on remonte à la question, des unités d'une autre espèce que les deux nombres donnés; si le diviseur est d'une autre espèce que le dividende, le diviseur devient abstrait dans l'opération, et le quotient est toujours de même espèce que le dividende.

La vérification de la division se fait par la multiplication.

Voici les principaux usages de la division :

1.° Connaissant la valeur d'un certain nombre d'unités de même espèce, trouver la valeur de l'une d'elles;

2.° Connaissant la valeur d'une certaine unité et la valeur d'un nombre inconnu d'unités semblables à la première, trouver ce nombre inconnu; 3

3.° Prendre une partie déterminée d'un nombre donné;

4.° Convertir les mesures anciennes en nouvelles, et réciproquement. (Ce problème général, qui exige aussi l'emploi de la multiplication, sera développé plus tard.)

Questions diverses.

Nous rangeons sous ce titre plusieurs problèmes dont la solution repose sur l'emploi combiné des quatre opérations précédentes.

24. Une distance a été mesurée 5 fois, et l'on a trouvé successivement 743 mètres 17 centimètres, puis 742 mètres 95 centimètres, puis 744 mètres, puis 743 mètres 4 centimètres, enfin 743 mètres 48 centimètres : quelle est la moyenne des cinq résultats?

Une *moyenne* s'obtient en divisant la somme des quantités par leur nombre ; la somme des longueurs est ici $3716^{m},64$, et leur cinquième partie ou la moyenne demandée est $743^{m},328$.

25. Quels poids d'or et d'alliage entre-t-il dans une pièce de 20 francs?

La pièce de 20^{f} pèse $6^{g},452$ et renferme 9 dixièmes d'or. Le dixième du poids est $0^{g},6452$; les 9 dixièmes s'obtiennent en multipliant $0^{g},6452$ par 9, ce qui donne $5^{g},8068$, quantité d'or pur qui entre dans une pièce d'or : l'alliage pèsera donc $6^{g},452$ moins $5^{g},8068$, ou bien $0^{g},6452$.

26. Une pièce d'or rognée ne pèse que $6^{g},322$: quelle est sa valeur?

La pièce exacte pèse $6^{g},452$; il faut chercher quelle partie la pièce rognée est de la pièce entière, en divisant $6^{g},322$ par $6^{g},452$. On trouve pour quotient approché 0,98. Alors la pièce en question vaut les 98 centièmes de 20^{f} ou 20^{f} multipliés par 0,98, c'est-à-dire $19^{f},60$.

27. On mêle 29 litres 5 décilitres de vin qui coûte 75 centimes le litre avec 82 litres 85 centilitres de vin qui coûte 30 centimes le litre : à quel prix revient le litre du mélange?

$29^{l},5$ à $0^{f},75$ ont coûté $0^{f},75$ multipliés par 29,5, c'est-à-dire $22^{f},125$; d'un autre côté, $82^{l},85$ à $0^{f},30$ ont coûté $0^{f},30$ multipliés par 82,85, c'est-à-dire $24^{f},855$. Le mélange coûte en tout $22^{f},125$ plus $24^{f},855$, ou bien $46^{f},98$; il renferme $29^{l},5$ plus

$82^{l},85$; en tout $112^{l},35$. En divisant $46^{f},98$, prix du mélange, par 112,35, nombre de litres qui s'y trouvent, on aura le prix du litre, qui est $0^{f},41$ à moins d'un centime près.

28. Une propriété a coûté 17900^{f} et a rapporté pendant une année 595 francs 25 centimes : combien cette propriété a-t-elle rapporté pour 100?

1^{f} rapporte 17900 fois moins que 17900^{f} ; il rapporte donc $595^{f},25$ divisés par 17900, ou bien $0^{f},0332$. Mais 100^{f} rapportent 100 fois plus que 1^{f} : ils rapportent donc $0^{f},0332$ multipliés par 100, ou bien $3^{f},32$. La propriété a par conséquent rapporté $3^{f},32$ pour 100.

29. Un marchand vend 25 francs 35 centimes le mètre d'une étoffe qui lui a coûté 23 francs 25 centimes : combien gagne-t-il sur 27 mètres qu'il a vendus?

Il gagne sur 1 mètre $25^{f},35$ moins $23^{f},25$, c'est-à-dire $2^{f},10$; sur 27 mètres, il gagne 27 fois $2^{f},10$, ou bien $56^{f},70$.

30. Combien un marchand doit-il vendre le kilogramme d'une marchandise qui lui coûte 13 francs 15 centimes le kilogramme, pour gagner 84 francs 10 centimes sur 58 kilogrammes?

58^{kg} lui ont coûté 58 fois $13^{f},15$ ou bien $762^{f},70$; il veut gagner $84^{f},10$: il doit donc vendre les 58^{kg} en tout $762^{f},70$, plus $84^{f},10$, c'est-à-dire $846^{f},80$; et, par suite, il doit vendre le kilogramme la 58.e partie de $846^{f},80$, ce qui donne $14^{f},60$.

31. Un marchand vend 600 francs une provision d'huile qui contient 415 litres et qui lui a coûté 1 franc 25 centimes le litre : que gagne-t-il par litre?

415^{l} lui ont coûté 415 fois $1^{f},25$ ou bien $518^{f},75$. Puisqu'il les revend 600^{f}, il gagne en tout 600^{f} moins $518^{f},75$, ou bien $81^{f},25$; pour un seul litre, il gagne 415 fois moins que pour 415^{l} : il faut donc diviser $81^{f},25$, gain total, par 415, ce qui donne $0^{f},19$ à moins d'un centime.

32. Un fossé a 78 mètres de longueur, 1 mètre 95 centimètres de largeur, et 2 mètres 3 décimètres de profondeur; il a coûté à creuser 342 francs 25 centimes : à combien revient le mètre cube?

Le nombre de mètres cubes d'ouvrage s'obtient en multipliant les nombres qui indiquent les mesures des dimensions du fossé. En multipliant 78 par 1,95, et leur produit 152,1 par 2,3, on trouve 349,83 ; d'où l'on conclut qu'il y a $349^{m.c},83$ d'ouvrage. En divisant le prix total $542^{f},25$ par 349,83, nombre de mètres cubes, on obtient $1^{f},55$ environ pour le prix du mètre cube.

33. On a fait un plancher avec 11 planches de 5 mètres 4 décimètres de long, sur 31 centimètres de large : combien faudra-t-il prendre de planches ayant 6 mètres de long sur 29 centimètres de large pour faire un plancher double du premier ?

La surface d'une planche de la première espèce s'obtient en multipliant 5,4 par 0,31; elle est égale à $1^{m.q},674$. Le premier plancher renferme 11 fois cette surface, et il est égal à $18^{m.q},414$. Le second, double du premier, est $36^{m.q},828$; la surface d'une planche de la seconde espèce est $1^{m.q},74$, qu'on obtient en multipliant 6 par 0,29. Autant de fois $36^{m.q},828$, surface du second plancher, contient $1^{m.q},74$, surface d'une planche, autant il faudra de planches; ce quotient est environ 21,2: il faudra donc 21 planches et 2 dixièmes d'une planche. Cette dernière fraction peut se prendre sur la longueur, qui est 6^{m}, et donne $1^{m},2$.

34. Une étoffe a 75 centimètres de large, une autre 65 centimètres de large : combien faudra-t-il prendre de mètres de la seconde pour doubler exactement 13 mètres 14 centimètres de la première ?

La première étoffe présente une surface de $9^{m.q},855$, qu'on obtient en multipliant 0,75 par 13,14 ; cette surface doit être aussi celle de la doublure : il faut donc chercher quel nombre multiplié par 0,65 fera 9,855, et ce nombre inconnu sera la longueur de la seconde étoffe ; cette longueur est donc le quotient de 9,855 par 0,65 ; on la trouve égale à $15^{m},16$ à moins d'un centimètre.

35. Un bassin contenait d'abord 5 mètres cubes d'eau ; une fontaine y apporte 3 litres par heure ; un robinet laisse perdre par heure 3 litres 45 centilitres d'eau : au bout de 8 jours quelle quantité d'eau se trouve-t-il dans le bassin, et quel est le poids de cette eau ?

8 jours renferment 8 fois 24 heures ou 192 heures ; la fontaine produit 192 fois 3^{l} ou 576^{l}, ou encore $0^{m.c},576$; le robinet laisse perdre 192 fois $3^{l},45$ ou $662^{l},4$, ou bien $0^{m.c},6664$. On ajoute la quantité d'eau primitive à celle que donne la fontaine,

et l'on a $5^{m.c},576$, d'où l'on retranche celle perdue par le robinet; savoir : $0^{m.c},6664$. Le reste est $4^{m.c},9096$.

Le centimètre cube de cette eau pèserait 1^{g} si elle était pure et à son maximum de densité; or $4^{m.c},9096$ font 4909600 centimètres cubes : donc l'eau pèserait 4909600^{g} ou $4909^{k.g},6$. (Remarquons à ce sujet qu'un litre d'eau semblable à celle qui a déterminé le gramme pèse un kilogramme, et qu'un mètre cube d'eau pèse mille kilogrammes.)

36. Une chaudière vide pèse 1 kilogramme 2 décagrammes; remplie d'eau pure à son maximum de densité, elle pèse 4 kilogrammes 25 décagrammes : trouver le volume intérieur de cette chaudière.

La différence des poids, savoir : $4^{k.g},25$ moins $1^{k.g},02$, est $3^{k.g},21$, et représente le poids de l'eau; or 1^{g} étant le poids d'un centimètre cube d'eau, $3^{k.g},21$ ou 3210^{g} seront le poids de 3210 centimètres cubes d'eau : donc la capacité de la chaudière est 3210 centimètres cubes ou $0^{m.c},003210$.

37. Un corps plongé entièrement dans l'eau perd 463 grammes 7 décigrammes de son poids; on sait d'ailleurs que cette perte est égale au poids du volume d'eau déplacé par le corps : quel est le volume du corps?

Le volume d'eau déplacé par le corps, pesant $463^{g},7$, est égal à 463 centimètres cubes 7 dixièmes ou à $0^{m.c},0004637$; or l'eau déplacée par le corps a même volume que celui-ci : donc le corps a pour volume $0^{m.c},0004637$.

Ce problème suppose, comme les deux précédens, l'eau pure et prise à la température où elle a sa plus grande densité.

38. 8 ouvriers ont fait 34 mètres d'ouvrage : combien 10 ouvriers en feront-ils dans le même temps?

Un seul ouvrier fera 8 fois moins d'ouvrage que les 8 ouvriers réunis : il fera donc le huitième de 34^{m}, qui est $4^{m},25$; mais 10 ouvriers feront dix fois plus d'ouvrage qu'un seul : ils feront donc $4^{m},25$ multipliés par 10, ou $42^{m},5$.

39. Les dettes d'un négociant en faillite s'élèvent à 104950 francs, et sa fortune seulement à 75564 francs : calculer combien un créancier obtient, 1.° sur 100 francs de sa créance, 2.° sur sa créance entière, qui est de $8540^{f},25$.

104950^{f}, total des créances, se réduisant par la faillite à 75564^{f}, 1^{f} de créance ne vaut que la 104950e partie de 75564^{f}

laquelle est 0f,72. Par suite, 100f valent seulement 0f,72 multipliés par 100, ce qui fait 72f ; et 8540f,25 valent 0f,72 multipliés par 8540,25, ce qui donne 6148f,98. Il reçoit de cette manière 72 pour 100 de sa créance.

Lorsqu'on a à calculer *l'avenant* de tous les créanciers, on divise encore l'*actif* par le *passif*, pour obtenir ce que vaut 1 franc de créance. Le quotient a été trouvé égal à 0f,72. En le divisant par 100, on obtient 0,0072 pour la valeur de 1 centime de créance; en multipliant ce résultat successivement par 2, 3.....9, on aura les valeurs correspondantes à 2, 3..... 9 centimes de créance, ce qui donne le tableau suivant :

1 centime	2	3	4	5	6	7	8	9
f 0,0072	f 0,0144	f 0,0216	f 0,0288	f 0,0360	f 0,0432	f 0,0504	f 0,0576	f 0,0648

En avançant la virgule d'un rang vers la droite dans tous les résultats, on obtiendrait les valeurs correspondantes à 1, 2, 3... 9 décimes de créance; en avançant la virgule de deux rangs, on obtiendrait les valeurs correspondantes à 1, 2, 3... 9 francs. Le déplacement successif de la virgule donnerait pareillement les valeurs correspondantes à 10, 20, 30.... 90 francs ; à 100, 200, 300.... 900 francs, et ainsi de suite, ce qui permettrait de calculer l'avenant de chaque créancier par une simple addition. En reprenant, par exemple, la créance de 8540f,25, on trouve que

8000f	obtiennent	5760f
500	....	360
40	....	28 ,8
0 ,2	....	0 ,144
0 ,05	....	0 ,0360
8540f,25	....	6148f,9800

RÉDUCTION DES ANCIENNES MESURES EN NOUVELLES,

ET RÉCIPROQUEMENT.

Nous allons d'abord considérer parmi les anciennes mesures celles qui étaient connues dans toute la France et le plus généralement usitées.

Longueurs.

La *toise* se divisait en 6 *pieds de Roi*, le pied en 12 *pouces*, le pouce en 12 *lignes*, la ligne en 12 *points*.

L'*aune de Paris* valait 3 pieds 7 pouces 10 lignes $\frac{5}{6}$. Elle se divisait en *moitiés*, en *tiers*, en *quarts*, en *sixièmes*, en *douzièmes*, en *seizièmes*. L'aune commune valait 3 pieds 8 pouces.

La *lieue de poste* valait 2 *milles*, le mille valait 1000 toises. La *lieue terrestre*, de 25 au degré, valait $2280^t,33$. La *lieue marine*, ou de 20 au degré, valait $2850^t,41$. La *lieue moyenne* valait 2250^t. Le *pas géométrique* valait 5 pieds; le *pas ordinaire*, 2 pieds 6 pouces.

Surfaces.

La *toise carrée* valait 36 *pieds carrés;* le pied carré 144 *pouces carrés;* le pouce carré, 144 *lignes carrées*.

L'*aune carrée* se divisait en surfaces qui avaient pour longueur et pour largeur les fractions ordinaires de l'aune.

L'*arpent de Paris* valait 100 *perches carrées*; la perche de Paris valait 324 pieds carrés (elle avait 18 pieds sur chaque côté).

La *perche des eaux et forêts* avait 22 pieds de côté et valait 484 pieds carrés; l'*arpent* correspondant valait 100 perches; le *journal*, 360 perches, et l'*ouvrée*, 45 perches.

Volumes.

La *toise cube* valait 216 *pieds cubes;* le pied cube, 1728 *pouces cubes*; le pouce cube, 1728 *lignes cubes*.

La *solive* valait 3 pieds cubes, et se divisait en 432 *chevilles* de 12 pouces cubes; la cheville, en 300 *marques*.

La *corde* avait 8 pieds de couche sur 4 de hauteur et 4 de profondeur; elle valait 128 pieds cubes, et se divisait en 2 *moules*, le moule en 2 *voies*. La *corde des eaux et forêts* valait 112 pieds cubes; ses dimensions étaient 8 pieds, 4 pieds et 3 pieds 6 pouces.

Le *setier* valait 12 *boisseaux*; le boisseau, 16 *litrons*. Le *muid de Paris* valait 36 *veltes*; la velte, 8 *pintes*; la pinte, 2 *chopines*. La chopine valait environ 24 pouces cubes, et le boisseau, 655 pouces cubes 8 dixièmes.

Poids. La *livre-poids* valait 2 *marcs*; le marc, 8 *onces*; le *gros*, 3 *scrupules* ou *deniers*; le scrupule, 24 *grains*; le grain, 24 *primes*.

Le *quintal* valait 100 livres-poids; le *millier*, 1000 livres; le *tonneau*, 2000 livres.

Le gros se divisait encore en 6 *oboles*, et l'obole en 3 *carats*.

Monnaies. La *livre-tournois* valait 20 *sous*; le sou, 4 *liards*; le liard, 3 *deniers*; le denier, 2 *mailles* (monnaie de compte).

Le *double-louis* valait 48 livres; le *louis*, 24 livres; la *pistole*, 10 livres; l'*écu*, 6 livres; le *petit écu*, 3 livres. Il y avait en outre des pièces de 30 sous, de 24 sous, de 15 sous, de 12 sous, de 6 sous, de 2 sous, de 6 liards, de 2 liards.

La réduction des mesures anciennes en nouvelles et la question réciproque dépendent d'un double problème que nous allons traiter.

1.° *Réduire un nombre complexe de l'ancien système en fraction décimale de son unité principale.*

Soit, par exemple, à réduire 2 toises 5 pieds 11 pouces 8 lignes en toises et fraction décimale de la toise. La toise vaut 6 pieds ou 6 fois 12 pouces, ce qui fait 72 pouces; ce dernier nombre vaut 72 fois 12 lignes ou bien 864 lignes : donc le pied est la 6.ᵉ partie de la toise, le pouce en est la 72.ᵉ partie, et la ligne en est la 864.ᵉ partie.

Le pied valant 12 pouces, 5 pieds vaudront 5 fois 12 pouces, ce qui donnera 60 pouces; on y ajoutera les 11 pouces qui sont donnés, et l'on aura 71 pouces. En multipliant 71 par 12, on aura 852 lignes; on y ajoutera 8 lignes qui se trouvent dans le nombre donné, et on aura 860 lignes; de sorte que le nombre donné équivaut à 2 toises 860 lignes. Mais une ligne est la 864.ᵉ partie de la toise : donc 860 lignes font $\frac{860}{864}$ de toise. Il ne reste plus qu'à réduire cette fraction en fraction décimale. On trouve 0,9953 à moins d'un dix-millième près : le nombre proposé devient donc $2^t,9953$.

2.° *Réciproquement, étant donné un nombre décimal dont l'unité appartient à l'ancien système, trouver le nombre complexe équivalent.*

Soit à réduire 21^{li},2479 en livres tournois, sous et deniers. Le livre tournois valant 20 sous, 0 ,2479 vaudront 20 sous multipliés par 0,2479 ou bien 4^{s},958 ; de même 0^{s},958 vaudront 12 deniers multipliés par 0,958 , ce qui fait 11^{d},496 : donc le nombre proposé vaut 21 livres 4 sous 11 deniers 496 millièmes de denier.

Il est indispensable de s'exercer à ces sortes de réductions.

Cela posé, pour construire les tables de comparaison entre les anciennes mesures et les nouvelles, il suffit de connaître un petit nombre de rapports qui existent entre les unités correspondantes des deux systèmes. A la rigueur, il suffit de connaître trois rapports, savoir : un pour les unités de longueur, un autre pour les unités de poids, et un troisième pour les monnaies. Les explications des tables suivantes démontreront l'exactitude de cette assertion.

Pour rendre ces tables plus simples, les valeurs des unités que l'on réduit sont calculées seulement depuis 1 jusqu'à 9. Si le nombre à réduire renfermait un certain nombre de dizaines, de centaines, etc., on prendrait le nombre équivalent d'unités simples, et, dans sa valeur, on avancerait la virgule de 1, 2.... rangs vers la droite.

Ainsi 4 toises valant	7^{m},79615
40 toises valent 10 fois cette valeur ou........	77 ,9615
400 toises valent cent fois la première valeur ou.	779 ,615

La plupart de ces tables ont été calculées d'abord avec un plus grand nombre de décimales qu'elles n'en présentent. Il ne faut donc pas s'étonner si les valeurs correspondantes à 2, 3.... 9 unités d'une certaine espèce ne sont pas égales exactement à 2, 3... 9 fois la valeur de l'unité générique. Ainsi la valeur d'un mètre en toises est 0,51307 ; celle de 2 mètres devrait être 2 fois ce nombre ou 1,02614 ; tandis que, dans les tables, on la trouve égale à 1,02615. On conçoit que cette différence provient de l'augmentation relative aux chiffres effacés, ou des retenues que cette partie supprimée a pu produire quand on l'a multipliée par 2.

TABLE I.

Pour réduire les toises, pieds, pouces et lignes en mètres.

N.	TOISES en mètres.	PIEDS en mètres.	POUCES en mètres.	LIGNES en mètres.
1	1,94904	0,32484	0,027070	0,002256
2	3,89807	0,64968	0,054140	0,004512
3	5,84711	0,97452	0,081210	0,006768
4	7,79615	1,29936	0,108280	0,009024
5	9,74519	1,62420	0,135350	0,011280
6	11,69422	1,94904	0,162419	0,013536
7	13,64326	2,27388	0,189489	0,015792
8	15,59230	2,59872	0,216559	0,018048
9	17,54133	2,92356	0,243629	0,020304

TABLE II.

Pour réduire les mètres en toises, pieds, pouces et lignes.

N.	MÈTRES en toises.	MÈTRES en pieds.	MÈTRES en pouces.	MÈTRES en lignes.
1	0,51307	3,07844	36,9413	443,296
2	1,02615	6,15689	73,8827	886,592
3	1,53922	9,23533	110,8240	1329,888
4	2,05230	12,31378	147,7653	1773,184
5	2,56537	15,39222	184,7067	2216,480
6	3,07844	18,47066	221,6480	2659,775
7	3,59152	21,54911	258,5893	3103,071
8	4,10459	24,62755	295,5306	3546,367
9	4,61767	27,70600	332,4720	3989,663

Nous savons déjà que le quart du méridien terrestre a été considéré comme égal à 10000000 mètres ; sa valeur en toises est 5130740 toises : donc

$$5130740^{t} = 10000000^{m}$$

$$1^{t} = \frac{10000000^{m}}{5130740} = 1^{m},94904$$

$$1^{m} = \frac{5130740\ ^{t}}{10000000} = 0^{t},51374$$

Connaissant la valeur de la toise en mètres, on peut en déduire les valeurs de 2, 3 . . . 9 toises.

Le sixième de la valeur de la toise sera celle d'un pied, d'où l'on déduira celles de 2, 3 . . . 9 pieds.

Le douzième de la valeur du pied donnera la valeur du pouce, et, par suite, celle de 2, 3 . . . 9 pouces.

On trouvera semblablement les valeurs en mètres de 1, 2, 3 . . . . 9 lignes.

La valeur du mètre en toise et partie décimale de la toise permettra de calculer les valeurs analogues de 2, 3 . . . 9 mètres, et, en vertu d'un problème précédent, ces valeurs pourront être réduites en toises, pieds, pouces et lignes.

Question. Un homme a une taille de 5 pieds 7 pouces 11 lignes ; quelle est sa taille en mètres ? La table I donne

5 pieds	=	$1^{m},6242$
7 pouces	=	0 ,18949
10 lignes	=	0 ,0226
1 ligne	=	0 ,00226
		$1^{m},83855$

Ce dernier nombre est la taille demandée.

TABLE III.

Pour réduire les aunes de Paris et fractions d'aune en mètres.

N.	AUNES en mètres.	N.	FRACTIONS d'aune en mètres	N.	FRACTIONS d'aune en mètres.	N.	FRACTIONS d'aune en mètres.
1	1,18845	$\frac{1}{2}$	0,594	$\frac{5}{8}$	0,743	$\frac{7}{16}$	0,520
2	2,37689	$\frac{1}{3}$	0,396	$\frac{7}{8}$	1,040	$\frac{9}{16}$	0,668
3	3,56534	$\frac{2}{3}$	0,792	$\frac{1}{12}$	0,099	$\frac{11}{16}$	0,817
4	4,75378	$\frac{1}{4}$	0,297	$\frac{5}{12}$	0,495	$\frac{13}{16}$	0,966
5	5,94223	$\frac{3}{4}$	0,891	$\frac{7}{12}$	0,693	$\frac{15}{16}$	1,114
6	7,13068	$\frac{1}{6}$	0,198	$\frac{11}{12}$	1,089		
7	8,31912	$\frac{5}{6}$	0,990	$\frac{1}{16}$	0,074		
8	9,50757	$\frac{1}{8}$	0,149	$\frac{3}{16}$	0,223		
9	10,69601	$\frac{3}{8}$	0,446	$\frac{5}{16}$	0,371		

TABLE IV.

Pour réduire les mètres en aunes, les lieues terrestres et marines en kilomètres, les kilomètres en lieues terrestres et marines.

N.	MÈTRES en aunes.	LIEUES terrestres en kilomètres.	LIEUES marines en kilomètres.	KILOM. en lieues terrestres.	KILOM. en lieues marines.
1	0,84144	4,4444	5,5556	0,225	0,18
2	1,68287	8,8889	11,1111	0,450	0,36
3	2,52431	13,3333	16,6667	0,675	0,54
4	3,36574	17,7778	22,2222	0,900	0,72
5	4,20718	22,2222	27,7778	1,125	0,90
6	5,04861	26,6667	33,3333	1,350	1,08
7	5,89005	31,1111	38,8889	1,575	1,26
8	6,73148	35,5556	44,4444	1,800	1,44
9	7,57292	40,0000	50,0000	2,025	1,62

L'aune de Paris valait 3 pieds 7 pouces 10 lignes $\frac{5}{6}$ ou bien 526 lignes 296 millièmes. En divisant ce nombre par la valeur du mètre en lignes, laquelle est 443 lignes 296 millièmes, on aura le nombre de fois que l'aune contient le mètre ou la valeur de l'aune en mètres. Pour évaluer en mètres une fraction d'aune, telle que trois huitièmes, on remarquera que les trois huitièmes d'une aune sont équivalens au huitième de trois aunes; on multipliera donc la valeur de l'aune en mètres par 3, et l'on en prendra le 8.e : c'est ainsi qu'on a calculé la table III.

Dans la table IV, la valeur du mètre en aune a été obtenue en divisant $443^{l},296$ par $526^{l},296$: c'est l'inverse du calcul précédent.

La lieue terrestre de 25 au degré vaut $2280^{t},33$; d'ailleurs, puisque $10000000^{m} = 513740^{t}$, un kilomètre ou $1000^{m} = 513^{t},74$. En divisant donc 2280,33 par 513,74, ou réciproquement, on trouve la valeur de la lieue terrestre en kilomètres, et réciproquement. On opère semblablement sur la lieue marine de 20 au degré, laquelle vaut $2850^{t},41$.

1.re *Question*. Un marchand avait acheté 27 aunes deux tiers de drap pour 340 francs 55 centimes : à combien lui revient le mètre ?

On réduit les aunes en mètres à l'aide de la table III.

20 aunes		=	$23^{m},7689$
7	»	=	8 ,31912
$\frac{2}{3}$	»	=	0 ,792
			$32^{m},88002$

Il reste à diviser $340^{f},55$, prix du drap, par $32^{m},88$, nombre de mètres, ce qui donne $13^{f},03$, prix du mètre.

2.e *Question*. La lumière nous arrive du soleil en 8 minutes 13 secondes ; la distance parcourue est 34600000 lieues terrestres : exprimer en kilomètres la distance que la lumière parcourt en une seconde.

8 minutes 13 secondes font 493 secondes ; en une seconde la lumière parcourt la 493.e partie de 34600000 lieues ou 70182 lieues 758 millièmes, qui, d'après la table IV, font 311923 kilomètres 253 mètres.

TABLE V.

Pour réduire les toises, pieds, pouces et lignes carrés en mètres carrés.

N.	TOISES CARRÉES en mètres carrés.	PIEDS CARRÉS en mètres carrés.	POUCES CARRÉS en mètres carrés.	LIGNES CARRÉES en mètres carrés.
1	3,798744	0,105521	0,00073278	0,000005089
2	7,597487	0,211041	0,00146556	0,000010178
3	11,396231	0,316562	0,00219834	0,000015267
4	15,194975	0,422083	0,00293112	0,000020356
5	18,993718	0,527604	0,00366390	0,000025445
6	22,792462	0,633124	0,00439668	0,000030534
7	26,591205	0,738645	0,00512946	0,000035623
8	30,389949	0,844166	0,00586224	0,000040712
9	34,188693	0,949686	0,00659502	0,000045801

TABLE VI.

Pour réduire les mètres carrés en toises, pieds, pouces et lignes carrés.

N.	MÈTRES CARRÉS en toises carrées.	MÈTRES CARRÉS en pieds carrés.	MÈTRES CARRÉS en pouces carrés.	MÈTRES CARRÉS en lignes carrées.
1	0,263245	9,47682	1364,66	196511
2	0,526490	18,95363	2729,32	393023
3	0,789735	28,43045	4093,99	589534
4	1,052980	37,90726	5458,65	786045
5	1,316225	47,38408	6823,31	982557
6	1,579469	56,86090	8187,97	1179068
7	1,842714	66,33771	9552,63	1375579
8	2,105959	75,81453	10917,30	1572090
9	2,369204	85,29134	12281,96	1768602

Puisque $1^t = 1^m,90904$, le carré qui a pour côté 1^t est égal à celui qui a pour côté $1^m,90904$. La surface du premier est 1 toise carrée; celle du second, en mètres carrés, s'obtient en multipliant le nombre 1,90904 par lui-même; ce qui donne 3,798744 : ainsi $1^{t.c} = 3^{m.c},798744$.

De même $1^m = 0^t,51307$; par suite, 1 mètre carré égale un carré qui a pour côté $0^t,51307$ et pour surface en toises carrées le produit de 0,51307 par 0,51307, ce qui donne le mètre carré en toises carrées.

Pour avoir la valeur du pied carré en mètres carrés, on divise la valeur de la toise carrée par 36 ; la valeur du pied carré, divisée par 144, donne celle du pouce carré, et ainsi de suite; ce qui donne la table v.

En multipliant au contraire la valeur du mètre carré en toises carrées par 36, on a la valeur du mètre carré en pieds carrés ; cette dernière, multipliée par 144, devient la valeur du mètre carré en pouces carrés, et ainsi de suite, ce qui sert à construire la table vi.

Question. Quelle différence existe-t-il entre une surface de 70 mètres carrés 9765 centimètres carrés et une autre surface de 9 toises carrées 22 pieds carrés 95 pouces carrés?

On réduit la seconde surface en mètres carrés, ce qui donne :

9 toises carrées	=	$34^{m.q},188693$
20 pieds carrés	=	2 ,11041
2 »	=	0 ,211041
90 pouces carrés	=	0 ,0659502
5 »	=	0 ,0036639
		$36^{m.q},5797581$

La différence cherchée s'obtiendra en retranchant ce nombre de $70^{m.q},9765$, ce qui donne $34^{m.q},3967419$ ou bien 34 mètres carrés 3967 centimètres carrés à moins d'un centimètre carré.

TABLE VII.

Pour réduire les lieues carrées en myriamètres carrés, les arpens en hectares, ou les perches en ares.

N.	LIEUES CARRÉES en myriamètres carrés.	ARPENS (E. et F.) en hectares, ou perches carrées en ares.	ARPENS DE PARIS en hectares, ou perches carrées en ares.
1	0,1975309	0,510720	0,341887
2	0,3950617	1,021440	0,683774
3	0,5925926	1,532160	1,025661
4	0,7901234	2,042880	1,367548
5	0,9876543	2,553600	1,709435
6	1,1851852	3,064320	2,051322
7	1,3827160	3,575040	2,393209
8	1,5802469	4,085760	2,735096
9	1,7777777	4,596480	3,076983

TABLE VIII.

Pour réduire les myriamètres carrés en lieues carrées, les hectares en arpens, ou les ares en perches.

N.	MYRIAMÈTRES carrés en lieues carrées.	HECTARES en arpens (E. et F.) ou ares en perches carrées.	HECTARES en arpens de Paris, ou ares en perches carrées.
1	5,0625	1,958020	2,924943
2	10,1250	3,916040	5,849886
3	15,1875	5,874060	8,774829
4	20,2500	7,832080	11,699772
5	25,3125	9,790100	14,624715
6	30,3750	11,748120	17,549658
7	35,4375	13,706140	20,474601
8	40,5000	15,664160	23,399544
9	45,5625	17,622180	26,324487

Une lieue vaut 4 kilomètres 4444 décimètres : une lieue carrée est donc égale à un carré qui a pour côté $4^{k.m},4444$, et pour surface en kilomètres carrés le produit du nombre 4,4444 par lui-même, ce qui donne la lieue carrée en kilomètres carrés et par suite en myriamètres carrés.

Un myriamètre vaut 2 lieues 25 centièmes ; un raisonnement semblable au précédent fera trouver le myriamètre carré en lieues carrées.

L'arpent des eaux et forêts contenait 100 perches de 484 pieds carrés, ce qui fait 48400 pieds carrés, que l'on peut, au moyen de la table v, réduire en mètres carrés et par suite en hectares. L'arpent valant 100 perches, on aura la valeur de la perche en divisant par 100 celle de l'arpent en hectares, ou simplement en comptant cette valeur pour des ares, ce qui donne, pour les perches réduites en ares, les mêmes valeurs que pour les arpens en hectares. On peut raisonner de même sur les arpens et les perches de Paris.

On connaît la valeur de l'hectare en pieds carrés ; en la divisant par 48400, on aura la valeur en arpens des eaux et forêts. On opèrera d'une manière analogue pour l'autre espèce d'arpent.

Question. Dans un terrain labourable, l'arpent des eaux et forêts se vendait 1200^f : combien coûteront 4 hectares 64 ares ?

On réduit ce dernier nombre en arpens, avec la table VIII.

$$
\begin{array}{rcl}
4 \text{ hectares} & = & 7^{arp},83208 \\
60 \text{ ares} = 0{,}6 & = & 1\ ,174812 \\
4 \text{ ares} = 0{,}04 & = & 0\ ,0783208 \\
\hline
 & & 9^{arp},0852128
\end{array}
$$

Il reste à multiplier 1200^f, prix de l'arpent, par 9,0852128, ce qui fait $10902^f,25$ à moins d'un centime.

TABLE IX.

Pour réduire les toises, pieds, pouces et lignes cubes en mètres cubes.

N.	TOISES CUBES en mètres cubes.	PIEDS CUBES en mètres cubes.	POUCES CUBES en mètres cubes.	LIGNES CUBES en mètres cubes.
1	7,40389	0,0342773	0,000019836	0,00000001148
2	14,80778	0,0685545	0,000039673	0,00000002296
3	22,21167	0,1028318	0,000059509	0,00000003444
4	29,61556	0,1371090	0,000079346	0,00000004592
5	37,01945	0,1713863	0,000099182	0,00000005740
6	44,42334	0,2056636	0,000119018	0,00000006888
7	51,82723	0,2399408	0,000138855	0,00000008036
8	59,23112	0,2742181	0,000158691	0,00000009184
9	66,63501	0,3084953	0,000178528	0,00000010332

TABLE X.

Pour réduire les mètres cubes en toises, pieds, pouces et lignes cubes.

N.	MÈTRES CUBES en toises cubes.	MÈTRES CUBES en pieds cubes.	MÈTRES CUBES en pouces cubes.	MÈTRES CUBES en lignes cubes.
1	0,135064	29,1739	50412,42	87112655
2	0,270128	58,3477	100824,83	174225310
3	0,405192	87,5216	151237,25	261337965
4	0,540257	116,6954	201649,66	348450619
5	0,675321	145,8693	252062,08	435563274
6	0,810385	175,0431	302474,50	522675929
7	0,945449	204,2170	352886,91	609788584
8	1,080513	233,3908	403299,33	696901239
9	1,215577	262,5647	453711,74	784013894

TABLE XI.

Pour réduire les cordes des eaux et forêts en stères, les solives en mètres cubes, et réciproquement.

N.	CORDES (E. et F.) en stères.	SOLIVES en mètres cubes.	STÈRES en cordes.	MÈTRES CUBES en solives.
1	3,8391	0,10283	0,26048	9,7246
2	7,6781	0,20566	0,52096	19,4492
3	11,5172	0,30850	0,78144	29,1739
4	15,3562	0,41133	1,04192	38,8985
5	19,1953	0,51416	1,30241	48,6231
6	23,0343	0,61699	1,56289	58,3477
7	26,8734	0,71982	1,82337	68,0923
8	30,7124	0,82265	2,08385	77,7970
9	34,5515	0,92549	2,34433	87,5216

Puisque $1^t = 1^m,90904$, la valeur d'une toise cube en mètres cubes s'obtiendra en multiplant le nombre 1,90904 deux fois de suite par lui-même ; on prendra la 216.e partie du produit, pour avoir la valeur du pied cube; on prendra la 1728.e partie de cette dernière valeur, pour avoir celle du pouce cube, etc. : d'où il résultera la table IX.

Un calcul inverse donnera la table X. Pour la table XI, on réduira préalablement la corde et la solive en pieds cubes, puis en mètres cubes ou en stères ; enfin on divisera la valeur du mètre cube en pieds cubes par la valeur de la corde ou de la solive en pieds cubes, pour convertir le mètre cube en cordes ou en solives.

Question. Réduire 2 toises cubes 7 pieds cubes 30 pouces cubes en mètres cubes.

La table IX donne :

2 toises cubes	=	$14^{m.c},80778$
7 pieds cubes	=	0 ,2399408
30 pouces cubes	=	0 ,00059509
Réponse.		$15^{m.c},04831589$

TABLE XII.

Pour réduire les muids et pintes en litres, les setiers, boisseaux et litrons en litres.

N.	MUIDS de Paris en hectolitres.	PINTES de Paris en litres.	SETIERS de Paris en hectolitres.	BOISSEAUX en litres.	LITRONS en litres.
1	2,6822	0,9313	1,5610	13,008	0,8130
2	5,3644	1,8626	3,1220	26,017	1,6260
3	8,0466	2,7940	4,6830	39,025	2,4391
4	10,7288	3,7253	6,2440	52,033	3,2521
5	13,4110	4,6566	7,8050	65,042	4,0651
6	16,0932	5,5879	9,3660	78,050	4,8781
7	18,7754	6,5192	10,9270	91,058	5,6911
8	21,4576	7,4506	12,4880	104,066	6,5042
9	24,1398	8,3819	14,0490	117,075	7,3172

TABLE XIII.

Pour réduire les litres en muids et pintes, en setiers, boisseaux et litrons.

N.	HECTOLIT. en muids de Paris.	LITRES en pintes de Paris.	HECTOLIT. en setiers de Paris.	LITRES en boisseaux.	LITRES en litrons.
1	0,3728	1,0737	0,6406	0,07687	1,2300
2	0,7457	2,1475	1,2812	0,15375	2,4600
3	1,1185	3,2212	1,9219	0,23062	3,6900
4	1,4913	4,2950	2,5625	0,30750	4,9199
5	1,8642	5,3687	3,2031	0,38437	6,1499
6	2,2370	6,4424	3,8437	0,46124	7,3799
7	2,6098	7,5162	4,4843	0,53812	8,6099
8	2,9826	8,5899	5,1250	0,61499	9,8399
9	2,3555	9,6637	5,7656	0,69187	11,0699

Pour former la table XII, on prend les valeurs du muid et de la pinte en pouces cubes, on les réduit en mètres cubes et par suite en hectolitres ou en litres. On agit d'une manière analogue à l'égard des setiers, boisseaux et litrons.

Pour obtenir la table XIII, on prend la valeur de l'hectolitre en pouces cubes, et on la divise par la valeur du muid en pouces cubes : le résultat est la valeur de l'hectolitre en muids. On opère semblablement pour réduire l'hectolitre ou le litre en pintes, en setiers, boisseaux et litrons.

Question. Un marchand de vins a payé 100 francs le muid de vin : combien lui coûte l'hectolitre ?

La table XIII indique que l'hectolitre vaut en muids 0,3728 : donc le prix de l'hectolitre sera 100^{f}, prix du muid, multipliés par 0,3728, valeur de l'hectolitre en muids, c'est-à-dire 37^{f},28.

On peut aussi opérer à l'aide de la table XII, où l'on trouve que le muid vaut en hectolitres 2,6822. En divisant 100^{f} par 2,6822, nombre d'hectolitres, on trouvera le prix de l'hectolitre ou 37^{f},28. Cette méthode, qui exige une division, est moins simple que la première, où la multiplication suffit.

TABLE XIV.

Pour réduire les livres, onces, gros, grains, quintaux en kilogrammes.

N.	LIVRES en kilogrammes.	ONCES en kilogrammes.	GROS en kilogrammes	GRAINS en kilogrammes.	QUINTAUX en myriagrammes.
1	0,48951	0,03059	0,003824	0,0000531	4,8951
2	0,97901	0,06119	0,007648	0,0001062	9,7901
3	1,46852	0,09178	0,011472	0,0001593	14,6852
4	1,95802	0,12238	0,015296	0,0002124	19,5802
5	2,44753	0,15297	0,019120	0,0002655	24,4753
6	2,93704	0,18356	0,022944	0,0003186	29,3704
7	3,42654	0,21416	0,026768	0,0003717	34,2654
8	3,91605	0,24475	0,030592	0,0004248	39,1605
9	4,40555	0,27535	0,034416	0,0004779	44,0555

TABLE XV.

Pour réduire les kilogrammes en livres, onces, gros, grains, quintaux.

N.	KILOGRAM. en livres.	KILOGRAM. en onces.	KILOGRAM. en gros.	KILOGRAM. en grains.	MYRIAGRAM en quintaux.
1	2,04288	32,686	261,49	18827,15	0,20429
2	4,08575	65,372	522,98	37654,30	0,40858
3	6,12863	98,058	784,46	56481,45	0,61286
4	8,17150	130,774	1045,95	75308,60	0,81715
5	10,21438	163,430	1307,44	94135,75	1,02144
6	12,25726	196,116	1568,93	112962,90	1,22573
7	14,30013	228,802	1830,42	131790,05	1,43001
8	16,34301	261,488	2091,90	150617,20	1,63430
9	18,38588	294,174	2353,39	169444,35	1,83859

En cherchant le rapport qui existe entre les anciens poids et les nouveaux, on a trouvé que 1 kilogramme vaut 18827 grains 15 centièmes, ou que 1 gramme vaut en grains 18,82715.

En divisant 9216, nombre de grains équivalant à la livre-poids, par 18827,15, nombre de grains équivalant au kilogramme, on trouve la valeur de la livre en kilogrammes. En divisant cette valeur par 16, on a la valeur de l'once en kilogrammes; la valeur de l'once, divisée par 8, donne la valeur du gros; celle-ci, divisée par 72, donne la valeur du grain; la valeur de la livre, multipliée par 100, donne la valeur du quintal en kilogrammes et par suite en myriagrammes : d'où résulte la table XIV.

En divisant la valeur du kilogramme en grains par la valeur de la livre en grains, on obtient la valeur du kilogramme en livres. Il est facile d'en conclure la valeur du kilogramme en onces, gros, grains, en multipliant la première valeur par 16, le résultat par 8 et le nouveau produit par 72. En multipliant cette même valeur par 10, on a la valeur du myriagramme en livres et par suite en quintaux. Il en résulte la table XV.

Question. Un vase pèse vide 2 onces 6 gros 40 grains; rempli d'un certain liquide, il pèse 1 livre 7 onces 4 gros : quels sont, en nouvelles mesures, le poids du liquide et celui du vase?

On réduit en kilogrammes 1 livre 7 onces 4 gros, à l'aide de la table XIV. On fait de même pour 2 onces 6 gros 40 grains.

1 livre	$= 0^{k.g},48951$	2 onces	$= 0^{k.g},06119$
7 onces	$= 0\ ,21416$	6 gros	$= 0\ ,022944$
4 gros	$= 0\ ,015296$	40 grains	$= 0\ ,002124$
	$0^{k.g},718966$		$0^{k.g},086258$

Le poids du vase est $0^{k.g},086258$ ou $86^{g},258$. En retranchant cette *tare* du poids du vase rempli, on trouve, pour le poids du liquide, $0^{k.g},632708$ ou $632^{g},708$.

TABLE XVI.

Pour réduire les livres-tournois, sous, deniers en francs, et les francs en livres.

N.	LIVRES en francs.	SOUS en francs.	DENIERS en francs.	FRANCS en livres.
1	0,987650	0,049382	0,004115	1,012503
2	1,975301	0,098765	0,008230	2,025006
3	2,962952	0,148147	0,012345	3,037510
4	3,950603	0,197530	0,016460	4,050013
5	4,938254	0,246912	0,020576	5,062517
6	5,925905	0,296295	0,024691	6,075020
7	6,913556	0,345677	0,028806	7,087524
8	7,901207	0,395060	0,032921	8,100027
9	8,888858	0,444442	0,037036	9,112531

Le rapport des anciennes monnaies aux nouvelles s'est trouvé tel que 81 livres-tournois valent 80 francs.

1 livre vaut donc 80^f divisés par 81, ou $0^f,987650$. En divisant cette valeur par 20 et le résultat par 12, on aura la valeur du sou et celle du denier en francs.

Du rapport primitif on peut conclure que 1 franc vaut 81 livres divisées par 80, ce qui donne $1^l,012503$. Les valeurs du décime et du centime se déduiraient de celle-ci en la divisant par 10 ou par 100.

Question. Quelle différence existe-t-il entre l'ancien sou et la pièce de 5 centimes ?

Le sou vaut en francs $0^f,049382$; d'ailleurs 5 centimes valent la centième partie de 5 francs ou $0^f,05062517$. Ainsi 5 centimes valent plus que 1 sou, et la différence est environ $0^f,001$.

SYSTÈME MIXTE.

Ce système, toléré jusqu'au 1.er janvier 1840, consiste en plusieurs changemens introduits dans le système métrique par un décret du 12 février 1812. Les unités principales qu'il renferme appartiennent au système métrique, mais elles sont souvent subdivisées comme les anciennes mesures correspondantes, et les subdivisions tirent leurs noms de l'ancien système.

1.° Dans le système mixte, le mètre sert d'unité de longueur; mais un de ses multiples, égal à 2 mètres, se nomme *toise métrique*. Il se divise d'ailleurs en 3 *pieds métriques*, le pied en 12 *pouces métriques*, le pouce en 12 *lignes métriques*.

2.° Une longueur de $1^{m},2$ porte le nom d'*aune métrique*, et se divise, comme l'aune ancienne, en moitiés, quarts, huitièmes, seizièmes, trente-deuxièmes, et en tiers, sixièmes, douzièmes, vingt-quatrièmes.

3.° Le *mètre carré métrique* vaut 9 pieds carrés métriques; le pied carré, 144 pouces carrés métriques, etc.

4.° Le *mètre cube métrique* vaut 27 pieds cubes métriques; le pied cube, 1728 pouces cubes métriques, etc.

5.° Une capacité de 25 litres se nomme *boisseau métrique*. Ainsi l'hectolitre renferme 4 boisseaux de cette espèce.

6.° Le poids de 500 grammes constitue la *livre métrique*; de sorte que le kilogramme (improprement appelé *kilo*) vaut 2 livres métriques.

7.° L'usage avait fait considérer la pièce de 5 centimes comme un *sou* nouveau, ce qui diviserait le franc en 20 sous et remplacerait le décime par une pièce de 2 sous.

Les autres mesures métriques, leurs multiples et leurs subdivisions n'avaient pas subi d'altération dans ce système, dont nous nous abstiendrons de faire voir les nombreux inconvéniens. Il n'a pas eu d'autre avantage que de faire connaître quelques mesures du système métrique, tout en faussant le principe et l'application des autres.

La réduction de ces unités en mesures métriques n'offre aucune difficulté et peut se faire d'après les mêmes principes que la réduction des anciennes mesures. Ainsi le pied métrique, étant le tiers du mètre, vaudra en mètre 0,33333 ; le pouce métrique vaudra le douzième de cette valeur, et ainsi de suite. Nous allons nous borner à donner en mesures métriques la valeur de chaque unité du système mixte.

Toise métrique	2m	Aune métrique	1m,2
Pied métrique	0,33333	Demi-aune	0,6
Pouce métrique	0,02778	Quart d'aune	0,3
Ligne métrique	0,00231	Tiers d'aune	0,4
Toise m. carrée	4m.q	Boisseau métrique	25l
Pied m. carré	0,11111		
Toise m. cube	8m.c	Livre métrique	500g
Pied m. cube	0,037037		

Avant l'établissement du système mixte, un arrêté des Consuls (13 brumaire an IX) avait déjà altéré la nomenclature du système métrique et permis des dénominations empruntées la plupart aux anciennes mesures, et que nous allons indiquer en regard des noms systématiques correspondans :

Myriamètre	lieue ;	Litre	pinte ;
Kilomètre	mille ;	Décilitre	verre ;
Décamètre	perche ;	Kilogramme	livre ;
Décimètre	palme ;	Hectogramme	once ;
Centimètre	doigt ;	Décagramme	gros ;
Millimètre	trait ;	Gramme	denier ;
Hectare	arpent ;	Décigramme	grain ;
Are	perche q.	100 kilogrammes	quintal ;
Kilolitre	muid ;	1000 kilogrammes ...	millier.
Hectolitre	setier ;		
Décalitre	boisseau, velte ;		

ANCIENNES MESURES DE LA HAUTE-SAONE

ET DE LA FRANCHE-COMTÉ.

A plusieurs époques, on a comparé les mesures de la Haute-Saône avec le système métrique. Les premières tables qui aient été dressées à ce sujet furent publiées, en l'an XII, par ordre du Ministre de l'intérieur, et calculées par une Commission dite *des poids et mesures,* analogue à celle qu'on établit alors dans chaque département. Elle se composait de MM. Hugon, président; Lingée, ingénieur en chef; Boisson et Bobillier, professeurs de mathématiques. Dans l'impossibilité où la Commission était de trouver des mesures-modèles ou étalons, elle demanda aux sous-préfets et maires du département des renseignemens détaillés sur les mesures en usage dans chaque localité, et rédigea les tables sur ces documens. Ainsi les mesures dont il est question dans ce travail peuvent passer, sans erreur, ou du moins avec des erreurs négligeables, pour les mesures employées vulgairement depuis plus de trente ans dans la Haute-Saône.

Aussi, en 1806, le Ministre de l'intérieur, en demandant de nouvelles tables au préfet de la Haute-Saône, ne trouve aux anciennes que le défaut d'*exiger des calculs dont voudraient souvent être dispensés ceux qui sont obligés de s'en servir.* En conséquence, il envoie à tous les préfets le modèle qu'il veut faire adopter pour ces sortes de tables. Celles de la Commission présentaient ordinairement, dans chaque espèce, les valeurs de 1, 2, 3...9, 10, 20, 30, ... 100 unités anciennes réduites en nouvelles, avec la question réciproque; elles n'occupaient qu'une trentaine de pages in-8.°; tandis que celles exécutées par M. Chaudois, en 1810, par ordre du Ministre, poursuivent la transformation de chaque unité ancienne de 1 jusqu'à 100, en passant par tous les nombres intermédiaires. C'était renoncer à une précieuse application du calcul décimal, si intimément lié au système métrique, et allonger considérablement les tables, déjà fort étendues, de la Commission; aussi l'ouvrage ne présente-t-il pas moins de 100 pages in-4.°, privées de texte et d'explications.

En 1832, la Société d'agriculture, sciences, commerce et arts de la Haute-Saône fit insérer dans son Annuaire un rapport de M. Lucotte sur les poids et mesures du département. M. Lucotte s'étonne des différences que présentent le travail de la Commission et celui de M. Chaudois. *Il paraît,* dit-il plus loin, *qu'on s'est peu attaché à rechercher les élémens nécessaires et qui devaient conduire à des résultats certains, et qu'on s'est contenté de données vulgaires sur le type originaire des mesures.*

D'abord les différences portent sur un ordre de décimales inutile pour les usages ordinaires. Nul doute que ces différences eussent disparu si les deux calculs avaient été faits sur les mêmes bases. Cela n'a pas eu lieu et ne pouvait avoir lieu : les *types originaires* sont perdus. Jamais les travaux des érudits modernes ne retrouveront, par exemple, la véritable pinte de Luxeuil ou la quarte de Port-sur-Saône ; M. Lucotte lui-même renonce à calculer plus de trente de ces mesures arbitraires. La même incertitude existe au sujet des mesures importantes, connues et employées dans une grande partie de la France. Ainsi le *pied de Bourgogne* avait été fixé officiellement à 0^{m},3312 à l'époque où Chaudois fit son ouvrage ; Dom Grapin avait donné une détermination fort antérieure, qu'a préférée M. Lucotte, et qui l'a conduit à 0^{m},3302 ; la Commission avait adopté 0^{m},3301 ; aujourd'hui les renseignemens recueillis près de M. le Ministre des finances donnent pour solution définitive 0^{m},3306. Même divergence pour le *pied-le-comte*, le *pied lorrain.* Or ces trois mesures et le *pied de roi* servaient à la formation des unités linéaires, agraires et cubiques de la Franche-Comté et des provinces voisines. Ainsi M. Lucotte, ou plutôt D. Grapin, dont il paraît accepter aveuglément l'autorité, ne donne pas plus que les autres les types des mesures, et, quand il les donnerait, ses calculs ne devraient pas être préférés à d'autres pour cette unique raison. En effet, si les mesures existantes, altérées par le temps, par l'usage, par une fabrication grossière, par le défaut de contrôle, ne ressemblent plus à ces types primitifs, les tables de réductions faites pour les mesures-modèles, pour les mesures employées il y a cent ans, il y a deux cents ans, ne peuvent plus servir aux mesures vulgaires, aux mesures qui sont aujourd'hui dans nos mains.

Nous préférons donc, pour cette dernière raison, le travail de la Commission. Ajoutons que quelques déterminations authentiques et postérieures à ce travail ont offert de la concordance avec les résultats qu'il renferme. Ainsi la toise-le-comte, composée de 7 pieds du même nom, a son étalon à la maison commune de Poligny; il donne pour valeur du pied-le-comte $0^m,3578$, et non 0,3733, comme on le trouverait d'après D. Grapin. L'aune de Provins a été retrouvée au portail de la cathédrale de Dole, et vaut 30 pouces (de Bourgogne), ainsi que l'avait dit la Commission : D. Grapin lui attribuait donc à tort une longueur de 30 pouces 6 lignes et demie. Cette erreur du savant Bénédictin, celles relatives au pied de Bourgogne, au pied lorrain, au pied-le-comte, nous permettent de penser à notre tour qu'il a judicieusement décrit les mesures *usitées de son temps*, quand les moyens lui manquaient de remonter aux types primitifs. Alors pourquoi refuser un semblable mérite aux quatre membres de la Commission, dont personne ne contestera l'intelligence et le zèle consciencieux? Le reproche de M. Lucotte nous paraît donc peu fondé, et son mémoire restera simplement une traduction décimale des mesures décrites par D. Grapin.

Hâtons-nous de conclure de cette discussion, déjà trop longue, un nouvel argument en faveur du système métrique, dont les unités ne pourront jamais servir de texte à la moindre controverse.

Les tables suivantes sont empruntées au travail de la Commission. Il nous paraît suffisant de présenter la valeur de chaque unité ancienne depuis 1 jusqu'à 9 : nous avons déjà fait voir plusieurs fois qu'un simple déplacement de la virgule donne les valeurs des dizaines, des centaines . . . de ces unités.

1.re TABLE. — *Mesures linéaires* (toises, pieds, pouces).

N.	TOISES-LE-COMTE en mètres.	PIEDS-LE-COMTE en mètres.	POUCES-LE-COMTE en mètres.
1	2,4989	0,3570	0,02975
2	4,9978	0,7140	0,05950
3	7,4967	1,0710	0,08925
4	9,9956	1,4279	0,11899
5	12,4945	1,7849	0,14874
6	14,9934	2,1419	0,17849
7	17,4923	......	0,20824
8	19,9912	......	0,23799
9	22,4901	......	0,26774

La toise-le-comte valait environ 1 toise de roi 8 pouces 3 lignes $\frac{3}{4}$; elle se divisait en 7 pieds-le-comte, le pied en 12 pouces, le pouce en 12 lignes.

N.	PERCHES de Bourgogne en mètres.	PIEDS de Bourgogne en mètres.	POUCES de Bourgogne en mètres.
1	3,1360	0,3301	0,02751
2	6,2720	0,6602	0,05502
3	9,4079	0,9903	0,08253
4	12,5439	1,3204	0,11003
5	15,6799	1,6505	0,13754
6	18,8159	1,9806	0,16505
7	21,9518	2,3107	0,19256
8	25,0878	2,6408	0,22007
9	28,2238	2,9709	0,24758

Le pied de Bourgogne valait 12 pouces 2 lignes $\frac{1}{3}$; il se divisait en 12 pouces, le pouce en 12 lignes. La perche valait 9 pieds 6 pouces.

N.	PERCHES de Lorraine en mètres.	PIEDS de Lorraine en mètres.	PIEDS de Montbéliard en mètres.
1	2,5716	0,2707	0,289
2	5,1433	0,5414	0,578
3	7,7149	0,8121	0,868
4	10,2866	1,0828	1,157
5	12,8582	1,3535	1,446
6	15,4299	1,6242	1,736
7	18,0015	1,8949	2,025
8	20,5732	2,1656	2,314
9	....	2,4363	2,604

Le pied de Lorraine valait 10 pouces de roi ; 9 pieds 6 pouces faisaient la perche. Le pied de Montbéliard valait 10 pouces 8 lignes de roi.

2.e TABLE. — *Mesures linéaires* (aunes).

N.	AUNE de Provins en usage A VESOUL et dep.t	AUNE DE NOROY-LE-BOURG. 2pi 10po	AUNE de GRAY, AUTREY, MELISEY, etc. 2pi 9po	AUNE de VITREY. 2pi 8po	AUNE de MONTBOZON, AMANCE, etc. 2pi 7po 6l	AUNE de FAUCOGNEY. 3pi 6po
1	0,8253	0,9204	0,8933	0,8662	0,8527	1,1369
2	1,6505	1,8408	1,7866	1,7325	1,7054	2,2739
3	2,4758	2,7611	2,6799	2,5987	2,5581	3,4108
4	3,3010	3,6815	3,5732	3,4650	3,4108	4,5478
5	4,1263	4,6019	4,4665	4,3312	4,2635	5,6847
6	4,9515	5 5223	5,3599	5,1974	5,1162	6,8216
7	5,7768	6,4426	6,2532	6,0637	5,9689	7,9586
8	6,6020	7,3630	7,1465	6,9299	6,8216	9,0955
9	7,4273	8,2834	8,0398	7,7961	7,6743	10,2324

3.e TABLE. — *Surfaces et volumes au pied-le-comte; — perches carrées de Bourgogne.*

N.	TOIS. CARRÉES en mètres carrés	PIEDS CARRÉS en mètres carrés	TOISES CUBES en mètres cubes.	PIEDS CUBES en mètres cubes	PERCHES carrées de Bourgogne en ares.
1	6,2445	0,1274	15,6043	0,0455	0,0983
2	12,4890	0,2548	31,2086	0,0910	0,1967
3	18,7334	0,3823	46,8129	0,1365	0,2950
4	24,9779	0,5097	62,4171	0,1820	0,3934
5	31,2224	0,6371	78,0214	0,2275	0,4917
6	37,4669	0,7646	93,6257	0,2730	0,5901
7	43,7113	0,8920	109,2300	0,3185	0,6884
8	49,9558	1,0195	124,8343	0,3639	0,7867
9	56,2003	1,1469	140,4386	0,4094	9,8851

L'aune de Provins valait 2 pieds 6 pouces de Bourgogne; elle était en usage à Vesoul et dans presque tout le département. L'aune de Noroy et les autres sont exprimées en pieds de roi. Il s'agira toujours de ce pied quand l'espèce de pied ne sera pas désignée.

4.e TABLE. — *Mesures agraires au pied de Bourgogne* (journaux réduits en ares).

N.	JOURNAL en usage dans le départem.t 360 perches.	JOURNAL de FAUCOGNEY, MELISEY, etc. 450 perches.	JOURNAL de LUXEUIL. 432 perches.	JOURNAL DE LURE. 328 perches.	JOURNAL DE PESMES ; RIOZ, etc. 360 perches.	QUARTES DE FOUGEROLLES, LA VAIVRE, etc. 180 perches.	
1 coupe	0,3688	0,4610	0,4425	0,3360	0,4917		0,7376
2	0,7376	0,9220	0,8851	0,6720	0,9834		1,4752
3	1,1064	1,3830	1,3276	1,0080	1,4752		2,2127
4	1,4752	1,8439	1,7702	1,3440	1,9669		2,9503
5	1,8439	2,3049	2,2127	1,6800	2,4586		3,6879
6	2,2127	2,7659	2,6553	2,0160	2,9503		4,4255
7	2,5815	3,2269	3,0978	2,3521	3,4420		
8	2,9503	3,6879	3,5404	2,6881	3,9337		
9	3,3191	4,1489	3,9829	3,0241	4,4255		
10	3,6879	4,6099	4,4255	3,3601	4,9172		
11	4,0567	5,0708	4,8680	3,6961	5,4089		
1 boisseau	4,4255	5,5318	5,3106	4,0321	5,9006		8,8509
1 quarte	8,8509	11,0637	10,6211	8,0642			
2	17,7019	22,1273	21,2422	16,1284			
3	26,5528	33,1910	31,8633	24,1925			
1 journal	35,4037	44,2546	42,4844	32,2567	35,4037	1 quarte	17,7019
2	70,8074	88,5093	84,9689	64,5134	70,8074	2	35,4037
3	106,2111	132,7639	127,4533	96,7701	106,2111	3	53,1056
4	141,6148	177,0185	169,9378	129,0268	141,6148	4	70,8074
5	177,0185	221,2731	212,4222	161,2835	177,0185	5	88,5093
6	212,4222	265,5278	254,9066	193,5402	212,4222	6	106,2111
7	247,8259	309,7824	297,3911	225,7969	247,8259	7	123,9130
8	283,2296	354,0370	339,8755	258,0536	283,2296	8	141,6148
9	318,6333	398,2916	382,3600	290,3103	318,6333	9	159,3167

Les mesures agraires ci-dessus étaient évaluées en perches de Bourgogne; elles se divisaient en quatre quartes ou penaux, la quarte en 2 boisseaux ou ouvrées, le boisseau en 12 coupes. A Luxeuil, indépendamment de cette division, on admettait une ouvrée de 10 coupes; un simple déplacement de virgule dans la valeur de la coupe donnera celle de l'ouvrée.

Le journal de Pesmes se divisait en six boisseaux, le boisseau en 12 coupes.

La quarte de Fougerolles se divisait en 2 boisseaux, le boisseau en deux quartiers, le quartier en 6 coupes.

5.e TABLE. — *Mesures agraires au pied de roi* (journaux en ares).

N.	JOURNAL de GY. 360 perches de 9 pi. 6 po. de côté.	JOURNAL d'HÉRICOURT. 300 perches de 9 pieds.	JOURNAL de MOLAY. 360 perches de 11 pi.	JOURNAL de CHAMPLITTE, VITREY, etc. 96 perches de 22 pieds.	JOURNAL de CHAMPAGNEY 100 perches de 18 pi.	JOURNAL de MOREY. 324 perches de 10 pieds.
1 perche	0,0952	0,0855	0,1277	0,5107	0,3419	0,1055
2	0,1905	0,1709	0,2554	1,0214	0,6838	0,2110
3	0,2857	0,2564	0,3830	1,5322	1,0257	0,3166
4	0,3809	0,3419	0,5107	2,0429	1,3675	0,4221
5	0,4762	0,4274	0,6384	2,5536	1,7094	0,5276
6	0,5714	0,5128	0,7661	3,0643	2,0513	0,6331
7	0,6666	0,5983	0,8938	3,5750	2,3932	0,7386
8	0,7619	0,6838	1,0214	4,0858	2,7351	0,8442
9	0,8571	0,7692	1,1491	4,5965	3,0770	0,9497
1 coupe.	0,3571	0,2671	0,4788			0,3561
2	0,7142	0,5342	0,9576			0,7123
3	1,0714	0,8013	1,4364			1,0684
4	1,4285	1,0684	1,9152			1,4245
5	1,7856	1,3355	2,3940			1,7807
6	2,1427	1,6026	2,8728			2,1368
7	2,4998	1,8697	3,3516			2,4929
8	2,8570	2,1368	3,8304			2,8491
9	3,2141	2,4039	4,3092			3,2052
boisseau.	4,2855	3,2052	5,7456	6,1286	4,2736	4,2736
1 quarte	8,5709	6,4104	11,4912	12,2573	8,5472	8,5472
2	17,1418	12,8208	22,9824	24,5146	17,0943	17,0943
3	25,7127	19,2311	34,4736	36,7718	25,6415	25,6415
1 journal	34,2836	25,6415	45,9648	49,0291	34,1887	34,1887
2	68,5673	51,2830	91,9296	98,0582	68,3773	68,3773
3	102,8509	76,9245	137,8944	147,0873	102,5661	102,5661
4	137,1346	102,5660	183,8592	196,1164	136,7547	136,7547
5	171,4182	128,2075	229,8239	245,1455	170,9434	170,9434
6	205,7019	153,8490	275,7887	294,1746	205,1321	205,1321
7	239,9855	179,4905	321,7535	343 2038	239,3208	239,3208
8	274,2692	205,1320	367,7183	392,2429	273,5095	273,5095
9	308,5528	230,7735	413,6831	441,2620	307,6982	307,6982

A Champlitte et à Champagney, le journal valait 4 quartes, la quarte 24 perches ou coupes; partout ailleurs le journal valait 4 quartes, la quarte 2 boisseaux, le boisseau 12 coupes.

6.e TABLE. — Supplément à la 5.e table. — *Mesures agraires au pied de Lorraine.*

N.	Quarte de HAUTEVELLE. 100 perch. de 11 pi.	N.	Quarte de CONFLANS. 125 perches de 9 pi. 6 po. de Lorraine.	N.	Quarte de CONFLANS.
1 boisseau.	6,3840	1 perche.	0,0661	1 boisseau.	4,1333
1 quarte.	12,7680	2	0,1323	1 quarte.	8,2667
2	25,5360	3	0,1984	2	16,5334
3	38,3040	4	0,2645	3	24,8001
4	51,0720	5	0,3307	4	33,0668
5	63,8400	6	0,3968	5	41,3335
6	76,6080	7	0,4629	6	49,6002
7	89,3760	8	0,5291	7	57,8669
8	102,1440	9	0,5952	8	66,1336
9	114,9120			9	74,4003

La quarte de Conflans valait 2 boisseaux, le boisseau 62 perches et demie, ayant pour côté 9 pieds 6 pouces de Lorraine.

Les perches de Hautevelle s'obtiennent en divisant par 100 les nombres correspondans de quartes.

MESURES DE CAPACITÉ POUR LES GRAINS.

La capacité d'une mesure à grains s'estimait par le poids du blé que cette mesure pouvait contenir. C'est là sans contredit l'une des idées les plus malheureuses qu'ait suggérées l'ancien système. Tant de causes peuvent faire varier le volume d'une masse de blé dont le poids est déterminé ! la grosseur et la forme des grains, leur entassement plus ou moins resserré, la température et l'humidité de l'atmosphère, l'humidité propre au blé lui-même, toutes ces variations rendaient impossible la détermination du volume par le poids. Un autre défaut de ces mesures dans la Haute-Saône, c'est d'avoir les mêmes noms que certaines mesures agraires. Il s'agit encore ici de coupes, de quartes et de boisseaux.

7.e TABLE. — *Mesures pour les grains, réduites en décalitres.*

N.	Quarte de VESOUL, JUSSEY, PORT-SUR-SAÔNE etc. 60 livres.	Quarte de FAUCOGNEY, MELISEY, etc. 80 livres.	Quarte de FAUCOGNEY. 75 livres.	Quarte de LURE, LUXEUIL, SAULX, SAINT-LOUP, etc. 72 livres.	Quarte de JONVELLE. 68 livres.	Quarte de BL NDEFONT, D' AMANCE, etc. 66 livres.
1 coupe.	0,1700	0,2267	0,2125	0,2040	0,1927	0,1870
2	0,3400	0,4533	0,4250	0,4080	0,3853	0,3740
3	0,5100	0,6800	0,6375	0,6120	0,5780	0,5610
4	0,6800	0,9067	0,8500	0,8160	0,7707	0,7480
5	0,8500	1,1333	1,0625	1,0200	0,9633	0,9350
6	1,0200	1,3600	1,2750	1,2240	1,1560	1,1220
7	1,1900	1,5867	1,4875	1,4280	1,3487	1,3090
8	1,3600	1,8133	1,7000	1,6320	1,5413	1,4960
9	1,5300	2,0400	1,9125	1,8360	1,7340	1,6830
Boisseau	2,0400	2,7200	2,5500	2,4480	2,3120	2,2440
Id. comble......	2,7200	3,6267	3,4000	3,2640	3,0827	2,9920
1 quarte	4,0800	5,4400	5,1000	4,8960	4,6240	4,4880
2	8,1600	10,8800	10,2000	9,7920	9,2480	8.9760
3	12,2400	16,3200	15,3000	14,6880	13,8720	13,4640
4	16.3200	21,7600	20,4000	19,5840	18,4960	17,9520
5	20,4000	27,2000	25,5000	24,4800	23,1200	22,4400
6	24,4800	32,6400	30,6000	29,3760	27,7440	26,9280
7	28,5600	38,0800	35,7000	34,2720	32,3680	31,4160
8	32,6400	43,5200	40,8000	39,1680	36,9920	35,9040
9	36,7200	48,9600	45,9000	44,0640	41,6160	40,3920

La quarte valait partout 2 boisseaux, le boisseau 12 coupes. Le boisseau comble valait à peu près un boisseau ras et un tiers en sus.

8.e TABLE. — *Suite des Mesures pour les grains.*

N.	Quarte de VAUVILLERS 64 livres.	Quarte de CHAUVIREY, VITREY, MONTJUSTIN, MOLLANS, etc. 55 livres.	Mesure de CHAMBORNAY, ÉTUZ, VREGILLE, etc. 52 livres.	Mesure de CHAMPAGNEY GY, BOURGUIGNON-LES-MOREY, FOUVENT, etc. 50 livres	Quarte de VILLERSEXEL MONTROZON, FRANE-LE-CHAT., etc. 48 livres.	Mesure de GRANGES, CHALONVILLARS etc. 45 livres.
1 coupe.	0,1813	0,1558	0,1473	0,1417	0,1360	0,1275
2	0,3627	0,3117	0,2947	0,2833	0,2720	0,2550
3	0,5440	0,4675	0,4420	0,4250	0,4080	0,3825
4	0.7253	0,6233	0,5893	0.5667	0,5440	0,5100
5	0,9067	0,7792	0,7367	0,7083	0,6800	0,6375
6	1,0880	1,9350	0,8840	0,8500	0,8160	0,7650
7	1,2693	1,0908	1,0313	0,9917	0,9520	0,8925
8	1,4507	1,2467	1,1787	1,1333	1,0880	1,0200
9	1,6320	1,4025	1,3260	1,2750	1,2240	1,1475
Boisseau	2,1760	1,8700	1,7680	1,7000	1,6320	1,5300
Id. comble......	2,9013	2,4933	2,3573	2,2667	2,1760	2,0400
1 quarte	4,3520	3,7400	3,5360	3,4000	3,2640	3,0600
2	8,7040	7,4800	7,0720	6,8000	6.5280	6,1200
3	13,0560	11,2200	10,6080	10.2000	9,7920	9,1800
4	17,4080	14,9600	14,1440	13,6000	13.0560	12,2400
5	21,7600	18,7000	17,6800	17,0000	16,3200	15.3000
6	26,1120	22,4400	21,2160	20,4000	19,5840	18,3600
7	30,4640	26,1800	24,5520	23,8000	22,8480	21,4200
8	34,8160	29,9200	28,2880	27.2000	26,1120	24,4800
9	39,1680	33,6600	31,8240	30,6000	29,3760	27,5400

La quarte, dans certaines localités, prenait le nom de mesure, comme à Gy, à Chambornay, etc.

9.e TABLE. — *Suite des Mesures pour les grains.*

N.	Mesure de GRAY, AUTREY, HÉRICOURT, etc. 40 livres.	Mesure de PESMES. 32 livres.	Mesure de CHAMPLITTE, RIOZ, etc. 30 livres.
1 coupe......	0,1133	0,1088	0,0850
2	0,2267	0,2176	0,1700
3	0,3400	0,3264	0,2550
4	0,4533	0,4352	0,3400
5	0,5667	0,5440	0,4250
6	0,6800	0,6528	0,5100
7	0,7933	0,7616	0,5950
8	0,9067	0,8704	0,6800
9	1,0200	0,9792	0,7650
boisseau.......	1,3600	1,0880	1,0200
id. comble....	1,8133	1,4507	1,3600
1 mesure......	2,7200	2,1760	2,0400
2	5,4400	4,3520	4,0800
3	8,1600	6,5280	6,1200
4	10,8800	8,7040	8,1600
5	13,6000	10,8800	10,2000
6	16,3200	13,0560	12,2400
7	19,0400	15,2320	14,2800
8	21,7600	17,4080	16,3200
9	24,4800	19,5840	18,3600

10.e TABLE. — *Mesures pour les liquides, réduites en décalitres.*

MESURES A LA PINTE DE ROI.			
N.	Pinte de ROI.	Pièce de VESOUL, LURE, NOROY, RIOZ, MONTBOZON, etc. 160 pintes.	Pièce de GY, SAULX, FAUCOGNEY, etc. 144 pintes.
1	0,125	20	18
2	0,250	40	36
3	0,375	60	54
4	0,500	80	72
5	0,625	100	90
6	0,750	120	108
7	0,875	140	126
8	1,000	160	144
9	1,125	180	162
mesure	....	5	4,5
feuillette	....	10	9,0

MESURES A LA PINTE DE PESMES.		
N.	Pinte de PESMES.	Tonneau de PESMES. 240 pintes.
1	0,1667	40
2	0,3333	80
3	0,5000	120
4	0,6667	160
5	0,8333	200
6	1,0000	240
7	1,1667	280
8	1,3333	320
9	1,5000	360
feuillette	....	10
pièce	....	20

MESURES A LA PINTE DE GRAY.				
N.	Pinte de GRAY.	Pièce de GRAY, ST.-LOUP, FRESNE-ST.-MAMÈS etc. 96 pintes.	Pièce d'AMANCE. 100 pint.	Pièce de CHARMES, ST.-JULIEN, etc. 144 pintes.
1	0,1875	18	18,75	27
2	0,3750	36	37,50	54
3	0,5625	54	56,25	81
4	0,7500	72	75,00	108
5	0,9375	90	93,75	135
6	1,1250	108	112,50	162
7	1,3125	126	131,25	189
8	1,5000	144	150,00	216
9	1,6875	162	168,75	243
mesure	....	4,5	4,69	
feuillette	....	9,0	9,37	

MES. A LA PINTE DE CHAMPLITTE.		
N.	Pinte de CHAMPLITTE.	Pièce de CHAMPLITTE. 100 pintes.
1	0,225	22,5
2	0,450	45,0
3	0,675	67,5
4	0,900	90,0
5	1,125	112,5
6	1,350	135,0
7	1,575	157,5
8	1,800	180,0
9	2,025	202,5
feuillette	....	11,25

La pièce de Vesoul se divisait en 2 feuillettes, et la feuillette en 2 mesures ou quarteaux; il en était de même de la pièce de Gy, de celle de Gray, de celle d'Amance. Le tonneau de Pesmes se divisait en 2 pièces, la pièce en 2 feuillettes. — La pièce de Champlitte se divisait en 2 feuillettes.

11.e TABLE. — *Suite des Mesures pour les liquides, réduites en décalitres.*

MESURES A LA PINTE DE JUSSEY.

N.	Pinte de JUSSEY.	Tonneau de JUSSEY, VAUVILLERS, etc. 96 pintes.	Tonneau d'AUTREY, VITREY, etc. 100 pintes.
1	0,1563	15	15,625
2	0,3125	30	31,250
3	0,4688	45	46,875
4	0,6250	60	62,500
5	0,7813	75	78,125
6	0,9375	90	93,750
7	1,0938	105	109,375
8	1,2500	120	125,000
9	1,4063	135	140,625
mesure	....	3,75	....
feuillette	....	7,50	7,813

MESURES à la pinte de Luxeuil.

N.	Pinte de LUXEUIL.	Pièce de LUXEUIL. 120 pint.
1	0,15	18
2	0,30	36
3	0,45	54
4	0,60	72
5	0,75	90
6	0,90	108
7	1,05	126
8	1,20	144
9	1,35	162
mesure	......	4,5
feuillette	......	9,0

MESURES à la pinte d'Héricourt.

N.	Pinte d'HÉRICOURT.	Muid d'HÉRICOURT. 276 pint.
1	0,1154	31,846
2	0,2308	63,692
3	0,3462	95,538
4	0,4615	127,385
5	0,5769	159,231
6	0,6923	191,077
7	0,8077	222,923
8	0,9231	254,769
9	1,0385	286,615
tine	....	5,308
pièce	....	21,231

MESURES à la pinte de Villersexel.

N.	Pinte de VILLERSEXEL.	Muid de VILLERSEXEL. 192 pintes.
1	0,16	30,72
2	0,32	61,44
3	0,48	92,16
4	0,64	122,88
5	0,80	153,60
6	0,96	184,32
7	1,12	215,04
8	1,28	245,76
9	1,44	276,48
carril	....	5,12
feuillette	....	10,24
pièce	....	20,48

MESURES à la pinte de Besançon.

N.	Pinte de BESANÇON.	Setier de BESANÇON.	Muid de PIN-LES-MAGNY, ÉTUZ, etc. 256 pintes.
1	0,1110	1,7769	28,43
2	0,2221	3,5538	56,86
3	0,3332	5,3306	85,29
4	0,4442	7,1075	113,72
5	0,5553	8,8844	142,15
6	0,6663	10,6613	170,58
7	0,7774	12,4381	199,01
8	0,8884	14,2150	227,44
9	0,9995	15,9919	255,87

Le tonneau de Jussey et la pièce de Luxeuil se divisaient chacun en 2 feuillettes, la feuillette en 2 mesures. Le tonneau d'Autrey se divisait simplement en 2 feuillettes. Le muid d'Héricourt valait 6 tines; 4 tines faisaient la pièce. Le muid de Villersexel se divisait en 3 feuillettes, la feuillette en 2 carrils; la pièce valait 2 feuillettes. Enfin, le muid de Pin-les-Magny valait 16 setiers, le setier 16 pintes de Besançon.

On peut voir dans la 10.e et la 11.e table que la mesure, la feuillette, la pièce de Gy, les mesures analogues de Luxeuil, et celles de Gray représentent les mêmes capacités quoiqu'elles aient été formées de pintes inégales et en nombres différens.

12.e TABLE. — *Mesures pour les charbons et minéraux, réduites en mètres cubes.*

N.	VAN en usage dans le départem.t 2 pieds de côté.	BANNE de 20 VANS ci-contre.	VAN du MAGNY.	BANNE de 12 VANS ci-contre.	QUINTAL, mesure pour la HOUILLE.
1	0,274	5,484	0,168	2,012	0,063
2	0,548	10,969	0,335	4,024	0,125
3	0,823	16,453	0,503	6,036	0,188
4	1,097	21,937	0,671	8,048	0,250
5	1,371	27,422	0,838	10,060	0,313
6	1,645	32,906	1,006	12,072	0,376
7	1,919	38,390	1,174	14,084	0,438
8	2,194	43,875	1,341	16,096	0,501
9	2,468	49,359	1,509	18,108	0,564

Dans le commerce des charbons on employait la banne, qui valait 20 vans ou cuveaux; le van valait 8 pieds cubes. Au-dessous, on trouvait la rasse, corbeille à dimensions variables.

Les dimensions du van variaient dans chaque forge; comme exemple, nous avons calculé celui en usage à la forge du Magny: il avait 18 pouces 6 lignes de hauteur, 10 pouces 9 lignes de largeur, et 3 pieds 6 pouces 6 lignes de longueur. Ce van était la 12.e partie d'une banne particulière.

Le quintal, mesure pour la houille, avait 23 pouces 3 lignes de longueur, 15 pouces 8 lignes de largeur, et 8 pouces 8 lignes de hauteur. Le poids de la houille contenu dans cette mesure était environ 100 livres.

13.e TABLE. — *Mesures des bois de chauffage, réduites en stères.*

N.	CORDE en usage dans le départem.[t]	CORDE CHARBONNIÈRE *idem.*	MOULE *idem.*	TOISE de NOROY-LE-BOURG.	CORDE de LUXEUIL et de LURE.
1	4,3875	2,7422	2,1937	4,9359	3,2906
2	8,7750	5,4844	4,3875	9,8719	6,5812
3	13,1625	8,2265	6,5812	14,8078	9,8719
4	17,5500	10,9687	8,7750	19,7437	13,1625
5	21,9374	13,7109	10,9687	24,6796	16,4531
6	26,3249	16,4531	13,1625	29,6156	19,7437
7	30,7124	19,1953	15,3562	34,5515	23,0343
8	35,0999	21,9374	17,5500	39,4874	20,3249
9	39,4874	24,6796	19,7437	44,4233	29,6156

N.	TOISE de CHAMPAGNEY.	CORDE de CHAMPAGNEY.	TOISE d'HÉRICOURT.	CORDE d'HÉRICOURT.	CORDE de GRAY.
1	3,8391	2,0566	3,7019	2,5708	2,9249
2	7,6781	4,1133	7,4039	5,1416	5,8498
3	11,5172	6,1699	11,1058	7,7124	8,7746
4	15,3562	8,2265	14,8078	10,2832	11,6995
5	19,1953	10,2832	18,5097	12,8540	14,6244
6	23,0743	12,3398	22,2117	15,4248	17,5493
7	26,8734	14,3964	25,9136	17,9956	20,4742
8	30,7124	16,4531	29,6156	20,5664	23,3990
9	34,5515	18,5097	33,3175	23,1372	26,3239

La corde d'Autrey avait le même volume que le moule en usage dans tout le département.

La corde du département avait 8^pi de couche, 4^pi de hauteur et 4^pi de bûche; la corde charbonnière avait 8^pi de couche, 4^pi de hauteur, et 2^pi 6^po de bûche. Le moule avait 4^pi sur chaque côté et valait 64 pieds cubes.

La toise de Noroy avait 6^pi de couche, 6^pi de hauteur et 4^pi de bûche.

La corde de Lure avait 8^pi de couche, 4^pi de hauteur et 3^pi de bûche.

La toise de Champagney avait 8^pi de couche, 4^pi de hauteur et

3^{pi} 6^{po} de bûche ; le moule avait 5^{pi} de couche, 4^{pi} de hauteur et 3^{pi} de bûche.

La toise d'Héricourt avait 6^{pi} de couche, 6^{pi} de hauteur et 3^{pi} de bûche; la corde avait 5^{pi} de couche, 5^{pi} de hauteur et 3^{pi} de bûche.

Enfin, la corde de Gray avait 8^{pi} de couche, 4^{pi} de hauteur et 2^{pi} 8^{po} de bûche.

Nous n'insisterons pas sur la réduction des mesures métriques en mesures anciennes de la Haute-Saône. Il est évident que cette question doit désormais se présenter très-rarement. Loin de chercher à traduire les résultats nouveaux en unités de l'ancien système, il faut au contraire faire disparaître peu à peu celles-ci des écritures publiques et privées, du langage ordinaire, et de la mémoire, s'il est possible.

Si toutefois on avait à convertir de nouvelles unités en anciennes, les tables précédentes pourraient servir encore à cet usage, au moyen d'une simple division. Soit, par exemple, à trouver combien $43^{l},125$ valent de pintes de Gray. En divisant $43^{l},125$ ou bien $4^{décal},3125$ par $0^{décal},1875$, valeur de la pinte de Gray, on trouve 23 : ainsi le nombre proposé équivaut à 23 pintes de Gray.

Nous allons nous borner à mentionner ici les principaux rapports.

VALEUR DU MÈTRE	
En pieds-le-comte......	2,801
En pieds de Lorraine ...	3,694
En pieds de Bourgogne..	3,029
En toises-le-comte	0,400
En perches de Bourgogne	0,519
VALEUR DU MÈTRE CARRÉ	
En toises-le-comte carrées	0,160
VALEUR DU MÈTRE CUBE	
En toises-le-comte cubes.	0,064

VALEUR DE L'ARE			
En perch. q. de Bourgogne			10,168
»	de 22	pieds de roi	1,958
»	de $9\frac{1}{2}$	»	10,500
»	de 18	»	2,925
»	de 10	»	9,477
»	de 9	»	11,700
»	de 11	»	7,832
»	de $9\frac{1}{2}$	pieds de Lorraine	15,120

VALEUR DE L'HECTOLITRE.		VALEUR DU LITRE.	
En quartes de 80 livres..	1,858	En pintes de roi	0,800
» de 72 »	2,042	» de Gray......	0,535
» de 64 »	2,298	» de Villersexel.	0,625
» de 60 »	2,451	» de Besançon..	0,900
» de 50 »	2,941	» de Jussey	0,640
» de 48 »	3,063	» de Champlitte.	0,444
» de 40 »	3,676	» de Luxeuil....	0,667
» de 30 »	4,901	» de Pesmes....	0,600
		» d'Héricourt...	0,867

VALEUR DU STÈRE

En cordes de 128 pi. c. ..	0,228	En moules de 64 pi. c....	0,455

APPENDICE

relatif à la mesure des températures, de la circonférence et du temps.

Pour mesurer les températures, on compare les dilatations que subit, sous leur influence, une masse de mercure renfermée dans un tube cylindrique en verre, qui se termine par une boule. Cet instrument se nomme *thermomètre*. Pour le graduer, on le soumet successivement à la température de la glace fondante et à celle de l'eau bouillante. Le niveau du mercure prend alors deux positions, dont l'intervalle était divisé autrefois en 80 parties égales, nommées *degrés de Réaumur ;* on le divise aujourd'hui en 100 parties égales, qu'on appelle *degrés centigrades.* Le point *zéro* correspond à la glace fondante, et le nombre de divisions indiqué par le niveau du mercure, à un moment quelconque, sert de mesure à la température. Ces divisions sont prolongées au-dessous de zéro. On fait aussi des thermomètres à esprit-de-vin.

Rien de plus facile que de convertir un certain nombre de degrés de Réaumur en un nombre équivalent de degrés centigrades, et réciproquement. En représentant par *o.r* le degré Réaumur, et par *o.c* le degré centigrade, on aura :

$$80^{o.r} = 100^{o.c}$$

$$1^{o.r} = \frac{100^{o.c}}{80} = \frac{5^{o.c}}{4}$$

$$1^{o.c} = \frac{80^{o.r}}{100} = \frac{4^{o.r}}{5}$$

Ainsi $16^{o.r} = 16 \text{ fois } \frac{5}{4}{}^{o.c} = 20^{o.c}$; et $15^{o.c} = 15 \text{ fois } \frac{4}{5}{}^{o.r} = 12^{o.r}$

On a divisé d'abord la circonférence en 360 parties égales, nommées *degrés*, le degré en 60 *minutes*, la minute en 60 *secondes*, etc. Un arc de 17 degrés 24 minutes 15 secondes s'écrivait 17° 24′ 15″. Le quart de la circonférence valait 90°, la moitié 180° : cette division se nommait *sexagésimale.*

On a divisé en dernier lieu la circonférence en 400 degrés, le degré en 100 minutes, la minute en 100 secondes, etc. De cette manière, l'arc de 23 degrés 50 minutes 14 secondes peut s'écrire 23°,5014. Cette division se nomme *centésimale.* Elle fait rentrer évidemment dans le calcul décimal les opérations à exécuter sur les arcs de circonférence et sur les angles qui ont même mesure que ces arcs.

Pour réduire des degrés anciens en degrés nouveaux, on part de la relation : 360 degrés anciens égalent 400 degrés nouveaux, et l'on en tire la valeur du degré sexagésimal en degrés centésimaux, et réciproquement.

La plupart des instrumens dont la construction exige une circonférence divisée en degrés portent encore l'ancienne division; tels sont le rapporteur, le graphomètre, la boussole, etc. Il serait à désirer qu'on adoptât généralement la division nouvelle, analogue à celle des mesures métriques.

On appelle *année* le temps employé par la terre pour parcourir son orbite autour du soleil. On appelle *jour* le temps que met la terre à tourner autour de son axe; le jour se divise en 24 heures, l'heure en 60 *minutes,* la minutes en 60 *secondes,* etc. On trouve alors que l'année se compose de 365 jours 5 heures 48 minutes 5 secondes.

Pour éviter ces fractions de jours, on considère 3 années consécutives comme renfermant 365 jours chacune, la quatrième, nommée *bissextile,* étant de 366 jours. Cette compensation n'est cependant pas rigoureuse; elle donnerait, au bout de 400 ans, une erreur de 3 jours en plus, dont on tient compte en retranchant un jour à la dernière année bissextile du 1.er, du 2.e et du 3.e siècle de cette période de 400 ans. Cette réforme est due au pape Grégoire XIII, qui a donné son nom au calendrier.

Dix jours d'erreur qui étaient restés par négligence dans le calendrier romain ont été supprimés au mois d'octobre 1582. Cette correction et celle grégorienne ayant été négligées par quelques peuples du nord de l'Europe, les dates de ces peuples et les nôtres différaient de 10 jours en 1600, de 11 jours en 1700, et de 12 jours en 1800; ainsi le 1.er juillet 1839 est pour eux le 12 juillet 1839.

On connaît d'ailleurs la division de l'année en 12 mois et la composition variable des mois en jours. 100 années forment un siècle.

Une tentative de division décimale du temps a été faite infructueusement à l'époque de la création du système métrique. Dans le calendrier républicain, l'année se composait de 12 mois de 30 jours et de 5 ou 6 *jours complémentaires*; le jour avait même été divisé en 10 heures, l'heure en dix parties égales, etc. Nul doute que cette division eût simplifié les calculs relatifs aux temps; mais elle n'a pu prévaloir contre l'usage.

TABLE.

www.ingramcontent.com/pod-product-compliance
Ingram Content Group UK Ltd.
Pitfield, Milton Keynes, MK11 3LW, UK
UKHW020340250726
13967UKWH00005B/2032

9 782013 057967